Association of Ukrainian gr
(AUS DAAD)
National Committee IAESTE Ukraine
(NC IAESTE-Ukraine)

Series: "Modern Mathematics for Engineers"

Tamara G. Stryzhak / Тамара Стрижак

The principle of dimensional reduction

Принцип сведения

Tamara G. Stryzhak / Тамара Стрижак

THE PRINCIPLE OF DIMENSIONAL REDUCTION

ПРИНЦИП СВЕДЕНИЯ

ibidem-Verlag
Stuttgart

Bibliografische Information der Deutschen Nationalbibliothek
Die Deutsche Nationalbibliothek verzeichnet diese Publikation in der Deutschen Nationalbibliografie; detaillierte bibliografische Daten sind im Internet über http://dnb.d-nb.de abrufbar.

Bibliographic information published by the Deutsche Nationalbibliothek
Die Deutsche Nationalbibliothek lists this publication in the Deutsche Nationalbibliografie; detailed bibliographic data are available in the Internet at http://dnb.d-nb.de.

∞

Gedruckt auf alterungsbeständigem, säurefreien Papier
Printed on acid-free paper

ISBN-13: 978-3-8382-0209-9

Printed in Germany

Project

"Modern Mathematics for Engineers"

includes publishing the following works:

1. Difference equation with random coefficients
2. Stability of solutions of differential equations systems with random coefficients
3. Random values modeling
4. Optimal control synthesis
5. The Principle of reduction
6. New method of averaging
7. New determinant theory
8. Minimax criterion of stability
9. Numerical methods of stability research
10. Analytical functions from matrix
11. Frequently criteria of stability

The reduction principle is a common idea which states that while researching the stability of solutions of the dynamic system (the system of differential, difference, differential-difference equations) the order of the researched system can be decreased. As the main obstacle in researching a dynamic system is a big dimension of the system, then decreasing the order essentially simplifies the stability researching process.

This work contains some ways of decreasing the system order. We do not give a detailed study in order not to hamper the understanding of the main ideas, and the rigour of explanations is replaced by examples and references to the original works.

Phone: +380 44 4068348
Fax: +380 44 4068220
E-mail: stri@aer.ntu-kpi.kiev.ua
Web-site: www.iaeste.org.ua

"Modern Mathematics for Engineers"

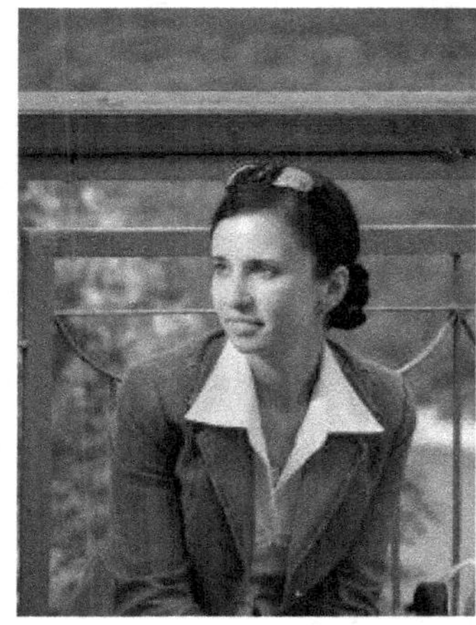

The Author

Prof. Tamara Stryzhak

Translator

Nataliya Sarycheva

IAESTE trainee students
Editors

***Markus Stoller(Switzerland,* Bern University of Applied Sciences*),* *Emma Woodham (UK,* University of St Andrews), *Rachel McAdams (UK,* University of Warwick)**

“Modern Mathematics for Engineers”
IAESTE Students 2010

Rachel McAdams
UK
University of Warwick
Department of Mathematics
rachel.mcadams@hotmail.com

Emma Woodham
UK
University of St Andrews
Department of Mathematics
ehw3@st-andrews.ac.uk

Markus Stoller
Switzerland
Bern University of Applied Sciences
Micro- and Medicaltechnology
stollers@bluewin.ch

§1. Notion of the reduction principle

The reduction principle is a common idea which states that while researching the stability of solutions of a dynamic system (a system of differential, difference, differential-difference equations), the order of the researched system can be decreased. As the main obstacle in studying a dynamic system is a large dimension, decreasing the order essentially simplifies the stability researching process.

This work contains some means of decreasing the order of the system. We do not give a detailed study in order not to hamper the understanding of the main ideas, and the rigour of explanations is replaced by examples and references to the original works.

We shall consider the following system of linear equations

$$\frac{dZ}{dt} = \Lambda Z\,,\ \dim Z = m,\ \dim \Lambda = m \times m\,. \tag{1}$$

We shall suppose that several proper numbers of matrix A are located about the imaginary axis, and the remaining proper numbers have negative real parts.

A linear replacement

$$Z = \mathrm{T}\begin{pmatrix} X \\ Y \end{pmatrix}, \ \dim X = p, \ \dim Y = q, \ p + q = m$$

System (1) is converted into

$$\frac{dX}{dt} = \mathrm{A}X, \qquad \frac{dY}{dt} = \mathrm{B}Y. \qquad (2)$$

Proper numbers of matrix A are located about the imaginary axis and proper numbers of matrix B have negative real parts.

The stability of the zero solution of the system (1) is equal to the stability of the zero solution of the system

$$\frac{dX}{dt} = \mathrm{A}X, \qquad (3)$$

which we shall call a converged or reduced system. As the relation

$$\lim_{t \to +\infty} Y = \lim_{t \to +\infty} e^{\mathrm{B}t} Y(0) = 0$$

is true,

any solution of system (1)

$$Z = \mathrm{T}\begin{pmatrix} e^{\mathrm{A}t} X(0) \\ e^{\mathrm{B}t} Y(0) \end{pmatrix}$$

tends to one of the solutions of system (1) as $t \to +\infty$ which assumes that

$$Z = \mathrm{T}\begin{pmatrix} e^{\mathrm{A}t} X(0) \\ 0 \end{pmatrix}. \tag{4}$$

As $t \to +\infty$ all set of the system solutions (1) adjoins the system solutions (1) which assume the view (4). This phenomenon is also true for non-linear systems which are close to being linear systems.

In [1], A.M. Lyapunov developed a research method for the stability of the zero solution of non-linear systems of differential equations

$$\frac{dX}{dt} = \mathrm{A}X + F_2(X) + F_3(X) + \dots,\ \dim X = m, \tag{5}$$

where the projections of the vector-functions $F_k(X)$ $(k = 2,3,\dots)$ are homogeneous polynomials of degree k relatively x_s $(s = 1,\dots,m)$, which are vector projections of $X^* = (x_1,\dots,x_m)$.

The asterisk denotes transposition of a vector or a matrix.

Let the system of linear approximation

$$\frac{dX}{dt} = \mathrm{A}X \tag{6}$$

have characteristic indices $\alpha_1,\dots,\alpha_m$, which are proper numbers of matrix A, i.e. the roots of the algebraic equation

$$\det(E\alpha - \mathrm{A}) = 0. \qquad (7)$$

The main focus in [1] is the analysis of the stability in the main critical cases, when (7) has one zero and two pure imaginary, complex conjugate roots,[8] and the remaining roots have negative real parts. In these cases A.M. Lyapunov reduced research of the zero solution of system (1) to the analysis of stability of the zero solution of one differential equation of the first order, namely

$$\frac{dx}{dt} = ax^n \quad (n \geq 2). \qquad (8)$$

These results were generalized in many works, in particular in the works by A.E. Belan, E.H. Dyhman. G.V. Kamenkov, C. Levshetz, O.B. Lykova, G.I.Menikov, I.G. Malkin, V.A. Pliss, L. Salvador and many others. All these works on reducing a system of differential equations to the normal form are suitable for applying the reduction principle.

The most generalized results for the finite dimensional system (5) were received in our works [2, 3], where the asymptotic approximation method, which enables us to normalize system (5), selects critical variables and finds the system of differential equations only for these critical variables.

§2. Integral variations

In the[1] theory and practice of the reduction principle the notion of integral variation plays the main role. This principle was introduced into the theory of differential equations in the works by A.M. Lyapunov and A. Poincare.

Definition. The set of points $\mathrm{M} = \{t, X\}$ in the extended phase space (t, X) is called an integral variation of the differential equation system

$$\frac{dX}{dt} = F(t, X), \tag{9}$$

if the whole integral curve of system (9) with the initial point $(t_0, X_0) \in \mathrm{M}$ fully belongs to the set M. We can say that the integral variation is a set of integral curves of system (9).

Example. The differential equation system

$$\frac{dx}{dt} = -y, \quad \frac{dy}{dt} = x$$

has the integral variation $x^2 + y^2 = 1$.

Let system (9) have a common solution

$$X = \Phi(t, c_1, \ldots, c_m), \tag{10}$$

where $c_1,...,c_m$ are arbitrary constants. Let there be q equations which connect these constants

$$h_j(c_1,...,c_m)=0, \quad (j=1,...,q), \quad m>q. \tag{11}$$

System (10), (11) defines an integral variation of dimension $m-q$.

The system of implicit equations

$$g_j(t,x_1,...,x_m)=0, \quad (j=1,...,q) \tag{12}$$

defines the integral variation M of dimension $m-q$, if the rank of the Jacobi matrix

$$\frac{DG}{DX}=\left\|\frac{\partial g_j}{\partial x_k}\right\| \quad (j=1,...,q;\ k=1,...,m),$$

is equal to q and the equations of the form

$$\frac{dg_j}{dt}\equiv\frac{\partial g_j}{\partial t}+\sum_{k=1}^{m}\frac{\partial g_j}{\partial x_k}f_k=0, \ F(t,X)=\begin{pmatrix} f_1 \\ .... \\ f_m \end{pmatrix} \tag{13}$$

are subject to (12), i.e. on the integral variation M.

Example. For the system

$$\frac{dx}{dt}=y+x\left(1-x^2-y^2\right),$$

$$\frac{dy}{dt}=-x+y\left(1-x^2-y^2\right)$$

there exists an integral variation of dimension 1 with the equation

$$g(t,x,y) \equiv 1 - x^2 - y^2 = 0 .$$

Differentiating the function $g(t,x,y)$ with respect to t leads to

$$\frac{dg(t,x,y)}{dt} = -2\left(x^2 + y^2\right)\left(1 - x^2 - y^2\right),$$

the right hand side of which equals zero for $g(t,x,y) = 0$.

Classification of integral varieties is given in [4].

In this work we present a comparison of different asymptotic methods to find solutions, perform analysis of systems of differential equations and demonstrate that **all existing and apparently future analytical methods are methods of constructing integral varieties. The following scheme is the most frequently used and was called the expansion of the initial system method in [4].**

The given equation system

$$\frac{dx_k}{dt} = f_k\left(t, x_1, \dots, x_m\right), \quad (k = 1, \dots, m) \tag{14}$$

is complemented with an auxiliary system of differential equations

$, \quad (s = 1,\ldots,r) \qquad (15)$

which enables the expanded system of equations (14), (15) to have an integral variation defined by the equation system

$$g_j(t, x_1,\ldots x_m, z_1,\ldots, z_r) = 0, \quad (j = 1,\ldots,q). \qquad (16)$$

Analyzing the solutions of system (15) gives information about the behavior of system (14).

In the particular case when $r = m$, system (16) defines the substitution of variables.

Example. We shall analyze the equation system

$$\frac{dx}{dt} = \alpha x + \beta y, \quad \frac{dy}{dt} = -y + x.$$

We shall introduce the new variable $z = x + \delta y$ which satisfies

$$\frac{dz}{dt} = \lambda z.$$

Substituting z leads to the system

$$\alpha + \delta = \lambda, \; \beta - \alpha = \lambda \delta.$$

Solving this system relatively to δ, gives an equation for λ, which coincides with the characteristic equation

$$\lambda^2 + \lambda(1 - \alpha) - (\alpha + \beta) = 0.$$

The largest solution of this characteristic equation is

$$\lambda = 0{,}5\left(\alpha - 1 + \sqrt{(\alpha+1)^2 + 4\beta}\right) < 0,$$

which is negative and therefore stable if:

$$\alpha < 1,\ \alpha + \beta < 0.$$

The area of asymptotic stability is section-lined in fig.1 on the plane of parameters α, β.

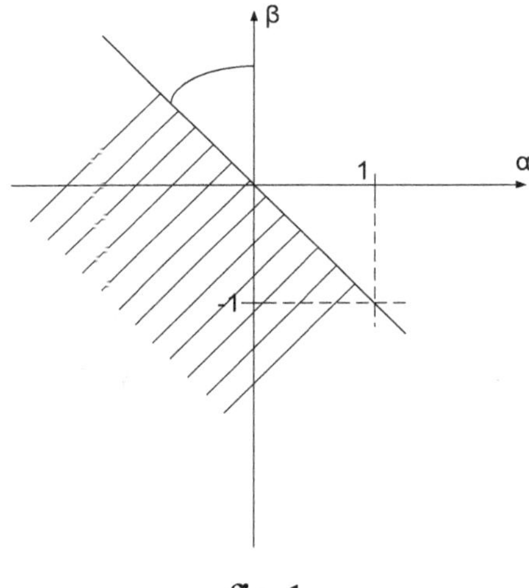

fig.1.

We shall analyze the stability of the zero solution of the system

$$\begin{aligned} \frac{dX}{dt} &= AX + F(X,Y), \qquad F(0,0) \equiv 0; \\ \frac{dY}{dt} &= BY + G(X,Y), \qquad G(0,0) \equiv 0. \end{aligned} \tag{17}$$

Decomposition of projections of the vector-functions $F(X,Y)$, $G(X,Y)$ into powers begins with terms of the second order or higher. Let the proper numbers of matrix A lie on the imaginary axis, and the proper numbers of matrix B have negative real parts. The variables X are called critical.

We shall express non-critical variables Y as the critical variables X by using the system

$$Y=\Phi(X),\ \Phi(0)=0. \tag{18}$$

The system (18) defines an integral variation of critical variables. To find the vector-function $Y=\Phi(X)$ we differentiate system (18) with respect to t and exclude variables Y. This leads to the following system of differential equations with proper derivatives

$$\mathrm{B}\Phi(X)+G(X,\Phi(X))=\frac{D\Phi(X)}{DX}(\mathrm{A}X+F(X,\Phi(X))). \tag{19}$$

The solution of system (19) is found as a power series in powers of projections of the vector X or as a power series in powers of small parameters. In particular, we can use the method of successive approximation

$$\Phi_{n+1}(X)=\mathrm{B}^{-1}\frac{D\Phi_n(X)}{DX}(\mathrm{A}X+F(X,\Phi_n(X))-B^{-1}G(X,\Phi_n(X)))$$

$$\Phi_0(X)\equiv 0. \tag{20}$$

Example. We shall analyze the stability of the zero solution of the system

$$\frac{dx}{dt} = axy, \quad \frac{dy}{dt} = -y + x^2 \tag{21}$$

in the critical case of one zero root.

We look for an integral variation of solutions $y = \varphi(x)$ of system (21), which expresses a non-critical variable y via the critical variable x. From (19) we get

$$\varphi(x) = x^2 - ax \cdot \varphi(x) \frac{d\varphi(x)}{dx}.$$

Using the method of subsequent approximations we find

$$y = x^2 - 2ax^4 + 12a^2x^6 - \dots.$$

System (21) is reduced to one equation, namely

$$\frac{dx}{dt} = ax^3 - 2a^2x^5 + 12a^3x^7 - \dots. \tag{22}$$

The zero solution of system (21) is asymptotically stable for $a < 0$ and unstable for $a > 0$.

§3. Reduction of differential equations with a delayed argument

A new stage in development of the reduction principle began in fact with work [5], where it is shown that a system of differential equations with a delayed argument has a limited group of solutions which are solutions of the system of ordinary differential equations without a delayed argument. In the case of a delayed argument this limited group of solutions attracts all the remaining solutions of differential equations with a delayed argument. As it is demonstrated in work [4] this property brings together all the known results on the reduction principle.

The studied system of differential equations with deviations (in a particular case with delays) of an argument

$$\frac{dX(t)}{dt} = f(t, X(t+\theta)), \quad -h \le \theta \le h. \tag{23}$$

Here $f(t, X(t+\theta))$ is a vector of a functional which depends on t, θ. We shall make use of the conditions

$$\left\| f(t, X(t+\theta)) - f(t, Z(t+\theta)) \right\| < L \sup_{-h \le \theta \le h} \left\| X(t+\theta) - Z(t+\theta) \right\|;$$

$$\|f(t,0)\| \le m. \tag{24}$$

We look for a system of ordinary differential equations without a delayed argument.

$$\frac{dX(t)}{dt} = F(t, X(t)), \tag{25}$$

all solutions of which are solutions of the system (23) If system (25) exists then we shall call it a reduced system. Out of system (25) we find the system

$$X(t+\theta) = X + \int_t^{t+\theta} F(s, X(s))ds, \; X \equiv X(t). \tag{26}$$

The solutions of system (25) make it possible to use the equation

$$F(t, X) = f\left(t, X + \int_t^{t+\theta} F(s, X(s))ds\right), \tag{27}$$

which is the equation for finding the vector-function $F(t, X)$. The solution $F(t, X)$ of the equation (27) can be found by the method of Sequential Approximations

$$F_{n+1}(t, X) = f\left(t, X + \int_t^{t+\theta} F_n(s, X_n(s))ds\right); \quad F_0(t, X) \equiv 0;$$

$$X_n(s) = X + \int_t^s F_n(u, X_n(u))du; \quad F(t, X) = \lim_{n\to\infty} F_n(t, X). \tag{28}$$

When condition (24) is fulfilled for small enough values $h > 0$ the subsequence $F_n(t, X)$ is reduced [4, 5].

If system (23) has only a delayed argument, i.e. $-h \leq \theta \leq 0$, then system (25) has an asymptotic feature. For a small enough value $h > 0$ any solution of system (23) tends to one of the solutions of system (25) for $t \to +\infty$. Thus the unlimited set of solutions of system (23) with a delayed argument behaves for $t \to +\infty$ like one of the solutions of system (25). The whole unlimited set of solutions of system (23) joins the limited set of system solutions (25) for $t \to +\infty$.

If equation system (23) has a zero solution then system (25) has a zero solution as well. The stability of the zero solution of system (25) is equal to the stability of the zero solution of system (23), i.e. **the reduction principle takes place**.

Y.A. Ryabov[6], who previously built separate solutions of the equation with a delayed argument with the help of a small parameter method, pointed at the asymptotic character of the solutions of the differential equation of the first order with a delayed argument. The work [5] demonstrates the construction of a reduced system of ordinary differential equations without a delayed argument, but no separate solutions.

Example. We shall consider the linear differential equation with delayed argument

$$\frac{dx(t)}{dt} = -x(t-h),\ h > 0. \tag{29}$$

If we look for a solution of the form $x(t) = e^{pt}$, then we receive a transcendental equation

$$p = -e^{-ph}. \tag{30}$$

This equation has one root p_0 in the range $0 \le h < e^{-1}$ and this root has the largest real part of any of the roots. The rest of the roots lie in the half-plate $\operatorname{Re} p < p_0 < 0$. For $t \to +\infty$ any solution of (29) tends to one of the solutions similar to

$$x(t) = \exp\{p_0 t\}.$$

It is the asymptotic feature of the solutions of the reduced differential equation

$$\frac{dx(t)}{dt} = p_0 x(t). \tag{31}$$

We shall find the reduced differential equation without a delayed argument of

$$\frac{dx(t)}{dt} = F(x(t)),\ F(x) = ax, \tag{32}$$

all solutions of which satisfy (29). The function $F(x)$ satisfies the functional equation like in (26) to give

$$F(x) = -\left(x + \int_t^{t-h} F(x(s))ds \right),$$

where $x(t)$ is a solution of (32).

We shall use the method of sequential approximations (28)

$$F_{n+1}(x) = -x - \int_t^{t-h} F_n(x_n(s))ds, \quad F_0(x) \equiv 0;$$

$$x_n(u) = x + \int_t^{u} F_n(x_n(s))ds, \quad F_n(x) = a_n x$$

to get sequential values of the constant a_n

$$a_{n+1} = -\exp\{-ha_n\}, \quad (n = 0, 1, 2, ...; \quad a_0 = 0).$$

This sequence is reduced at $0 \le h < e^{-1}$

$$\lim_{n \to \infty} a_n = p_0,$$

where p_0 is the root of the equation $p = -\exp\{-ph\}$ with the largest real part.

For $0 \le h < e^{-1}$ the equation with a delayed argument (29) has one parametric group of solutions

$$x(t) = c\exp\{p_0 t\},$$

which attracts all the remaining solutions of (29) for $t \to +\infty$. For $e^{-1} < h < 0{,}5\pi$ equation (29) has a double – parametric asymptotic group of solutions. In this example the conditions of existence of a single-parametric asymptotic group of solutions and the conditions of a reduction of the sequence of the functions $F_n(x)$, $(n = 0,1,2,...)$ coincide.

Example. The demonstrated way of building a reduced system of differential equations in the works [4, 5] enables us to analyze approximately systems of differential equations like (23) with small delays of the argument τ

$$\frac{dX(t)}{dt} = \mathrm{A}X(t-\tau), \quad (\tau \geq 0). \tag{33}$$

We shall put $X(t-\tau)$ in the row according to the Taylor formula and exclude the derivatives due to the equation system

$$\frac{dX(t)}{dt} = \mathrm{B}X(t). \tag{34}$$

We then get the equality

$$X(t-\tau) = \sum_{k=0}^{\infty} \frac{(-\tau)^k}{k!} \cdot \frac{d^k X(t)}{dt^k} = \sum_{k=0}^{\infty} \frac{(-\tau)^k}{k!} \mathrm{B}^k X(t) = e^{-\tau\mathrm{B}} X(t)$$

.

The system without a delayed argument will look like

$$\frac{dX(t)}{dt} = \mathrm{A}e^{-\tau\mathrm{B}}X(t), \quad \mathrm{B} = \mathrm{A}e^{-\tau\mathrm{B}}.$$

For matrix B in system (34) we find the equation

$$\mathrm{B} = A - \tau\mathrm{A}^2 + \frac{3}{2}\tau^2\mathrm{A}^3 - \frac{8}{3}\tau^3\mathrm{A}^4 + \ldots.$$

At small enough values of $\tau > 0$, the stability of the zero solution of system (34) is equal to the stability of the zero solution of system (33).

The matrix B can be found with the help of the numerical method of Sequential Approximations

$$\mathrm{B}_{n+1} = \mathrm{A}\exp\{-\tau\,\mathrm{B}_n\},\ \mathrm{B}_0 = 0;\ \mathrm{B} = \lim_{n\to\infty}\mathrm{B}_n,$$

which is reduced at $\|\mathrm{A}\| < \frac{1}{e\tau}$.

Example. We shall now find the stability condition of the solutions of the linear system of differential equations

$$\frac{dX(t)}{dt} = \mathrm{A}X(t) + \mathrm{B}X(t-\tau). \tag{35}$$

The system without a delayed argument

$$\frac{dX(t)}{dt} = CX(t) \tag{36}$$

is derived from the matrix equation

$$C = \mathrm{A} + \mathrm{B}\exp\{-\tau C\};$$

$$C = \mathrm{A} + \mathrm{B} - \tau \mathrm{B}(\mathrm{A} + \mathrm{B}) + \tau^2 \mathrm{B}(\mathrm{A} + 2\mathrm{B})(\mathrm{A} + \mathrm{B}) + O(\tau^3).$$

The stability conditions of the solutions of system (36) coincide with the conditions of stability of the solutions of system (35).

The matrix C can be found with the help of the Sequential Approximation method

$$C_{n+1} = A + \mathrm{B}\exp\{-\tau C_n\},\ C_0 = 0,\ C = \lim_{n\to\infty} C_n.$$

These Sequential Approximations are knowingly reduced for

$$\|\mathrm{B}\| < (\tau \exp\{\tau\|\mathrm{A}\| + 1\})^{-1}.$$

Example. We shall consider a system of differential equations with a small delay of an argument and a small parameter μ

$$\frac{dX(t)}{dt} = \mathrm{A}X(t) + \mu F(X(t), X(t-\tau_1), \ldots, X(t-\tau_n)),$$

(37)

where $\tau_k \geq 0$ $(k = 1, \ldots, n)$. We shall reduce this system with delays of an argument to the equation system without delays of an argument. In the first approximation we receive the following equation system

$$\frac{dX(t)}{dt} = \mathrm{A}X(t) + \mu F\left(X(t), e^{-\mathrm{A}\tau_1} X(t), \ldots, e^{-\mathrm{A}\tau_n} X(t)\right). \tag{38}$$

The works by Y.I. Neymark and L.Z. Fishman [7] research correspondence of a quality behavior of the solutions of the equation systems (37), (38). It is apparent that small variations τ_k of the argument can depend on time t.

§4. Differential equations with unrestricted delays of an argument

In the works [5, 6] it is supposed that delays are small enough, but as it is demonstrated in the work [4] this restriction is incidental. Delays can be as large as possible, but the members with delayed arguments must enter with small enough coefficients.

Example. We shall consider a system of linear differential equations with a delayed argument

$$\frac{dX(t)}{dt} = \mathrm{A}X(t) + \sum_{k=1}^{N} \mathrm{A}_k X(t-\tau_k),\ \tau_k \geq 0. \tag{39}$$

We look for a system of differential equations whose solutions satisfy system (39)

$$\frac{dX(t)}{dt} = \mathrm{B}X(t),\ \ \mathrm{B} = \mathrm{A} + \sum_{k=1}^{N} \mathrm{A}_k e^{-\mathrm{B}\tau_k}\ . \tag{40}$$

The matrix B can be found with the help of the sequential approximation method

$$\mathrm{B}_{n+1} = \sum_{k=1}^{N} \mathrm{A}_k \exp\{-\mathrm{B}_n \tau_k\},\ \mathrm{B}_0 = E,\ \mathrm{B} = \lim_{n\to\infty} \mathrm{B}_n. \tag{41}$$

Sequential approximations are reduced if at some $L > 0$ the following equality is performed

$$\|A\| + \sum_{k=1}^{N} \|A_k\| e^{L\tau_k} \le L .$$

For system (39) there is no direct proof of the fact that the stability of the solutions of system (39) follows from the stability of the solutions of system (40). Nevertheless while studying examples we always see that the asymptotic property of system (39) always follows from the existence of stability of the solutions of the equation system (40). If the solutions of system (40) are stable then the solutions of system (39) are stable.

Example. Using the limit passage for $N \to \infty$ we can receive the stability conditions of the system of differential equations

$$\frac{dX(t)}{dt} = AX(t) + B \cdot \int_0^{\infty} e^{D\tau} C X(t-\tau) d\tau . \tag{42}$$

System (42) can be reduced to a system of differential equations with constant coefficients

$$\frac{dX(t)}{dt} = HX(t), \; H = A + B\int_0^{\infty} e^{-D\tau} C e^{-\tau H} d\tau . \tag{43}$$

The matrix H can be found with the help of the sequential approximation method.

Let the following condition be utilized:

$$\left\| e^{-D\tau} \right\| \le e^{-\lambda\tau}.$$

Upon using the condition

$$\lambda > \|A\| + 2\sqrt{\|B\| \cdot \|C\|}$$

the sequence of matrixes H_n, $(n = 0, 1, 2, ...)$ is reduced and there is system (43), all solutions of which are solutions of system (42).

Finally, we come to the statement of an idea of the new method of proving the reduction principle.

We shall consider the differential equation system

$$\begin{aligned} \frac{dX(t)}{dt} &= AX(t) + BY(t), \\ \frac{dY(t)}{dt} &= CX(t) + DY(t). \end{aligned} \tag{45}$$

Integrating the second equation of this system gives

$$Y(t) = \int_{-\infty}^{t} e^{D(t-\tau)} CX(\tau) d\tau = \int_{0}^{\infty} e^{D\tau} CX(t-\tau) d\tau \tag{46}$$

and then we substitute $Y(t)$ into the first equation. This gives the integral-differential equation (42). The equation (42) is reduced to system (43).

Thus we have shown the new method of reduction of system (45). One of the equations of system (45) is integrated, then we come to a system of equa-

tions like (42), which can be considered as a system with a delayed argument. Then this system is reduced to a system of ordinary differential equations like (43). The systems (43) and (46) define an integral variation of the solutions of system (45), which attracts all solutions of system (45).

The stability of solutions of system (43) is equal to the stability of solutions of system (45). The stated idea of applying the reduction principle will be used further while analyzing the stability of solutions of a nonlinear system of differential equations.

II. Reduction principle in the Banach space.

We elicit the reduction principle of a non-local character with the help of building special integral varieties; we find sufficient and necessary conditions for applying the reduction principle. The main results are new in restricted dimensional spaces.

§1. Setting a problem

We consider the differential equation system

$$\begin{aligned} \frac{dx}{dt} &= \mathrm{A}(t)x + f(t,x) + \mu\varphi(t,x,y), \quad x \in \mathrm{B}_1; \\ \frac{dy}{dt} &= \mathrm{B}(t)y + \mu\psi(t,x,y), \quad y \in \mathrm{B}_2. \end{aligned} \tag{47}$$

Here $\mathrm{B}_1, \mathrm{B}_2$ are some Banach spaces. Further we shall consider spaces as $\mathrm{B}_1, \mathrm{B}_2$ restricted dimensional and even single-dimensional. We shall suppose that the functions f, φ, ψ are continuous by t for $t \geq 0$ and satisfy the Lipchitz conditions

$$\left\| f(t,x_1) - f(t,x_2) \right\| \leq L_0 \left\| x_1 - x_2 \right\|,$$

$$\left\| \varphi(t,x_1,y_1) - \varphi(t,x_2,y_2) \right\| \leq L_1 \left\| x_1 - x_2 \right\| + L_2 \left\| y_1 - y_2 \right\|,$$

$$\left\| \psi(t, x_1, y_1) - \psi(t, x_2, y_2) \right\| \le L_3 \left\| x_1 - x_2 \right\| + L_4 \left\| y_1 - y_2 \right\|. \tag{48}$$

In addition we impose bounds on these functions at $x = 0$, $y = 0$:

$$\left\| f(t,0) \right\| \le \mathrm{M}_0, \ \left\| \varphi(t,0,0) \right\| \le \mathrm{M}_1, \ \left\| \psi(t,0,0) \right\| \le \mathrm{M}_2. \tag{49}$$

We suppose that the linear operators $\mathrm{A}(t)$, $\mathrm{B}(t)$ are integrated at $t \ge 0$. Let the linear differential equations

$$\frac{dx}{dt} = \mathrm{A}(t)x, \ \frac{dy}{dt} = \mathrm{B}(t)y$$

have correspondingly resolvent operators $P(t,\tau)$, $N(t,\tau)$, for which the following condition is applied:

$$\left\| P(t,\tau) \right\| = 1, \tag{50}$$

$$\left\| N(t,\tau) \right\| \le c\, e^{-\lambda(t-\tau)}, \quad (\lambda > 0,\ c \ge 1,\ t \ge \tau \ge 0). \tag{51}$$

Condition (50) seems to be rarely applied. To remove this drawback we introduce the function $f(t,x)$ into the first equation (47). By choosing $f(t,x)$ we can make the condition (50) possible to use.

We shall consider the case $L_2 L_3 \ne 0$. If $L_2 L_3 = 0$, then in system (47) the equation for one of the variables does not contain another variable and this equation can be considered separately. Further we shall prove that in the general case the reduction is possible only for $L_0 < \lambda$. We shall suppose that the following condition

$$\lambda > L_0 \tag{52}$$

is fulfilled.

At $\mu = 0$ system (47) is decomposed into independent equations where the question about stability of the solutions of system (47) is solved entirely by the stability of the solutions of the first equation of system (47). Below there is such a value μ_0, that for $|\mu| < \mu_0$ we can build an auxiliary equation in B_1, the stability of the solutions of which is equal to the stability of the corresponding solutions of system (47).

We shall assume application of conditions (48) in some neighborhood of the researched for stability solutions of the system (47), as due to the changes of the functions $f(t,x)$, $\varphi(t,x,y)$, $\psi(t,x,y)$ out of this neighbourhood we can apply the condition (48) possible in the whole space.

We shall separately analyse the second equation of system (47). To do this we shall consider the function

$x(t)$ as predetermined. We shall define the solution of the differential equation by $R(t, y_0, x(\tau))$

$$\frac{dy}{dt} = B(t)y + \mu\psi(t, x(t), y), \quad y|_{t=0} = y_0. \tag{53}$$

For the operator $R(t, y_0, x(\tau))$ there is an integral equation

$$R(t, y_0, x(\tau)) = N(t,0)y_0 +$$

$$+\mu\int_0^t N(t,s)\psi(s, x(s), R(s, y_0, x(\tau)))ds. \tag{54}$$

We shall state some properties of the operator $R(t, y_0, x(\tau))$ without proof:

a) $\|R(t, y_0, 0)\| < c\|y_0\|e^{-L_6 t} + |\mu| c M_2 L_6^{-1}$;

$L_6 \equiv \lambda - |\mu| c L_4.$ (55)

b) For $0 \le \tau \le t$ the following inequality holds:

$$\|x_1(\tau) - x_2(\tau)\| \le q(\tau).$$

Defining

$$p(t) = \|R(t, y_1, x_1(\tau)) - R(t, y_2, x_2(\tau))\|$$

we get the inequality

$$p(t) \le c\, e^{-L_6 t}\|y_1 - y_2\| + |\mu| c\, L_3 \int_0^t e^{-L_6(t-s)} q(s) ds.$$

In the particular case when the inequality is applied and

$$\left\|x_1(\tau)-x_2(\tau)\right\| \le Q\,e^{L(t-\tau)} \text{ and } \lambda - L - |\mu| c\, L_4 > 0,$$

we have an estimation

$$\left\|R(t,0,x_1(\tau)) - R(t,0,x_2(\tau))\right\| \le \frac{|\mu| c\, L_3 Q}{\lambda - L - |\mu| c\, L_4}. \qquad (56)$$

c) For the function $\psi(t,x,y)$ the additional condition

$$\left\|\psi(t,x,0)\right\| \le \alpha \|x\|^n, \quad (n > 0, \quad \alpha = const)$$

is applied uniformly on t for $t \ge 0$

At this point we come to the estimation

$$\left\|R(t,0,x(\tau))\right\| \le \beta \|x\|^n, \; \beta \equiv \frac{|\mu| c \alpha}{\lambda - nL - |\mu| c L_4}.$$

With the known operator $R(t,y_0,x(\tau))$ the integration of system (47) is reduced to the integration of the differential equation

$$\frac{dx}{dt} = \mathrm{A}(t)x + f(t,x) + \mu\varphi(t,x,R(t,y_0,x(\tau))). \qquad (57)$$

Values of the operator $R(t,y_0,x(\tau))$ are defined if values of the function $x(\tau)$ are defined for $0 \le \tau \le t$.

All solutions of system (47) which satisfy the initial condition

$$y\,|_{t=0} = y_0$$

at the fixed value y_0 and random values $x(0)$ create an integral variation which is defined as $G(y_0)$. In some cases it is exemplified as an equation like

$$y = g(t, y_0, x). \tag{58}$$

It is clear that the following identity will be applied:

$$g(0, y_0, x) \equiv y_0 .$$

Supposing that in our case it is possible to show the integral variation $G(y_0)$ as the equation like (58), we look for an auxiliary differential equation of the form

$$\frac{dx}{dt} = \mathrm{A}(t)x + f(t, x) + \mu\varphi(t, x, g(t, y_0, x)),\ x = x(t), \tag{59}$$

all solutions of which coincide with the solutions of equation (57). We now state the essential difference between equations (57) and (59). To calculate the right part of equation (57) we need to know the solution $x(\tau)$ at $0 \leq \tau \leq t$. So equation (57) can be called a differential-functional, which is a particular case of integral-differential equation. Equation (57) can be regarded as an equation with a delayed argument. To calculate the right part of equation (59) at the moment t it is enough to know $x(t)$. Equation (59) represents system (47) on the variety $G(y_0)$. At the known value of x, the value y is found by (58).

Further, we make a transition from the equation (57) to (59), i.e. for an equation with a delayed argument (57) we find an equation without a delayed argument (59), all solutions of which are solutions of the equation (57). To do this, we use the method offered in the work [4].

§2. Building of an integral variation

(This section is for a *well*-prepared reader!)

The function $y = g(t, y_0, x)$ is unknown, but if it exists, then the following identity is fulfilled:

$$g(t, y_0, x) \equiv R(t, y_0, x(\tau)), \tag{60}$$

where $x(\tau)$ is a solution of the integral equation

$$x(\tau) = P(\tau, t)x + \int_t^\tau P(\tau, s)\left[f(s, x(s)) + \mu\varphi(s, x(s), g(s, y_0, x(s)))\right]ds. \tag{61}$$

To construct the function $y = g(t, y_0, x)$ we use the sequential approximation method in the form suggested in the work [4].

At first we shall consider a particular case where $y_0 = 0$, supposing

$$g(t, x) \equiv g(t, 0, x). \tag{62}$$

The method of sequential approximations itself is like:

$$g_0(t, x) \equiv 0; \; g_{n+1}(t, x) = R(t, 0, x_n(\tau)), \; (n = 0,1,2,...);$$

$$x_n(\tau) = P(\tau, t)x + \int_t^\tau P(\tau, s)\left[f(s, x_n(s)) + \mu\varphi(s, x_n(s), g_n(s, x_n(s)))\right]ds. \tag{63}$$

We shall consider the sequential properties of the function $g_n(t,x)$. Firstly we shall show that at definite conditions the functions $g_n(t,x)$ satisfy the Lipchitz condition with the general Lipchitz constant L_5. Let the following condition be applied:

$$\left\| g_n(t,x) - g_n(t,x^*) \right\| \leq L_5 \left\| x - x^* \right\|. \tag{64}$$

For the corresponding solutions $x_n(\tau)$, $x_n^*(\tau)$, which turn into x, x^* at $\tau = t$, out of the equation (59) we get the integral inequality

$$\left\| x_n(\tau) - x_n^*(\tau) \right\| \leq \left\| x - x^* \right\| + \int_\tau^t L \left\| x_n(s) - x_n^*(s) \right\| ds$$

$$L \equiv L_0 + |\mu| L_1 + |\mu| L_2 L_5 .$$

Solving this inequality with the help of the Gronwal-Bellmann lemma, we get the estimation

$$\left\| x_n(\tau) - x_n^*(\tau) \right\| \leq \left\| x - x^* \right\| e^{L(t-\tau)}.$$

Then from formula (56), considering the formula (63), we get the inequality

$$\left\| g_{n+1}(t,x) - g_{n+1}(t,x^*) \right\| \leq |\mu| c L_3 \left(\lambda - L - |\mu| c L_4 \right)^{-1} \cdot \\ \cdot \left\| x - x^* \right\|, \tag{65}$$

and consequently, if the inequality is fulfilled

$$L_5 \geq \frac{|\mu| c L_3}{\lambda - L_0 - |\mu| L_1 - |\mu| c L_4 - |\mu| L_2 L_5} \tag{66}$$

is applied, then the Lipchitz condition (64) will be applied at all $n = 1,2,\ldots$. The positive solution of the inequality (66) exists at $|\mu| \geq \mu_0$, where μ_0 is defined as

$$\mu_0 = \frac{\lambda - L_0}{L_1 + 2\sqrt{cL_2 L_3} + cL_4}. \tag{67}$$

At $|\mu| \leq \mu_0$ we find the smallest value L_5

$$L_5 = \frac{2|\mu| c L_3}{L_7 + \sqrt{L_7^2 - 4|\mu|^2 c L_2 L_3}}, \tag{68}$$
$$L_7 \equiv \lambda - L_0 - |\mu| L_1 - |\mu| c L_4 .$$

At $\mu = \mu_0$ the parameters L_5, L reaches the biggest values L_5^0, L^0

$$L_5^0 = \sqrt{cL_3 L_2^{-1}}, \quad L^0 = L_0 + \mu_0 L_1 + \mu_0 L_2 L_5^0. \tag{69}$$

For $\mu_0 > 0$ in (67) it is necessary to apply the condition $\lambda > L_0$.

In work [8] it is proved that the sequence of the functions $g_n(t,x)$ $(n = 0,1,2,\ldots)$ is uniformly reduced at $\|x\| \leq a < \infty$, $|\mu| < \mu_0$ to the continuous function $g(t,x)$ and the following conditions are applied

$$\left\|g(t,x)-g\left(t,x^{*}\right)\right\|\le L_5\left\|x-x^{*}\right\|;$$
$$\left\|g(t,0)\right\|\le m_1(1-q)^{-1}, \qquad (70)$$

where the following notations are introduced

$$m_1=\frac{|\mu|c\mathrm{M}_2}{\lambda-\mu|cL_4}+\frac{|\mu|cL_3\left(\mathrm{M}_0+|\mu|\mathrm{M}_1\right)}{\left(\lambda-L^0-|\mu|cL_4\right)L^0};$$

$$q=\frac{|\mu|^2 cL_2L_3}{\left(\lambda-L^0-|\mu|cL_4\right)L^0}<1.$$

So we have proved the following theorem.

Theorem: When we apply the condition $|\mu|<\mu_0$ **in (67) the system of differential equations (47) with conditions (48)–(51) has an integral variation of solutions** $G(0)$ **shown as the equation** $y=g(t,x)$ **with conditions (70), on which all the system solutions (47) with the initial condition** $y(0)=0$ **lie. (fig. 2)**

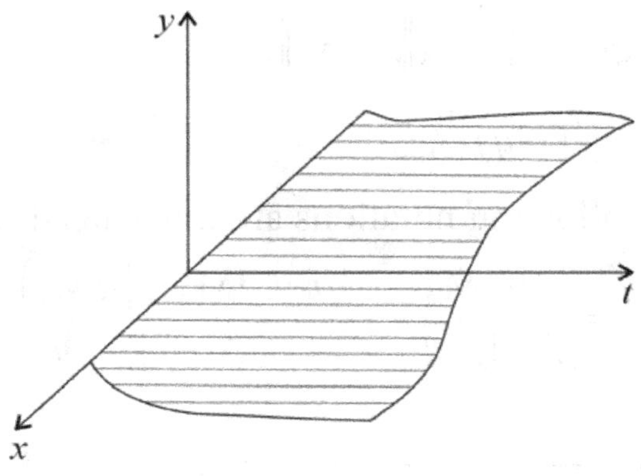

fig. 2.

Remark 1. The condition $|\mu| < \mu_0$ is sufficient and the condition $|\mu| \leq \mu_0$ is necessary in the general case for the existence of the integral variation $G(0)$ which is represented as the equation $y = g(t, x)$, $g(0, x) = 0$.

The condition $|\mu| < \mu_0$ in (67) cannot be improved in general case, as for $|\mu| > \mu_0$ the integral variety $y = g(t, x)$ may be non-existent, (where $g(t, x)$ is a continuous function relatively to x).

Example. We shall consider the system of two differential equations with constant coefficients

$$\frac{dx}{dt} = -L_0 x - \mu L_1 x + \mu L_2 y,$$

$$\frac{dy}{dt} = -y - \mu L_3 x + \mu L_4 y, \ |L_0| < 1, \tag{71}$$

which is a particular case of system (47) at $\lambda = 1$, $c = 1$. At $\mu > \mu_0$ the roots of the characteristic equation of system (71) will be complex. The integral variation will be swirled in the extended phase space (x, y, t) (fig. 3.)

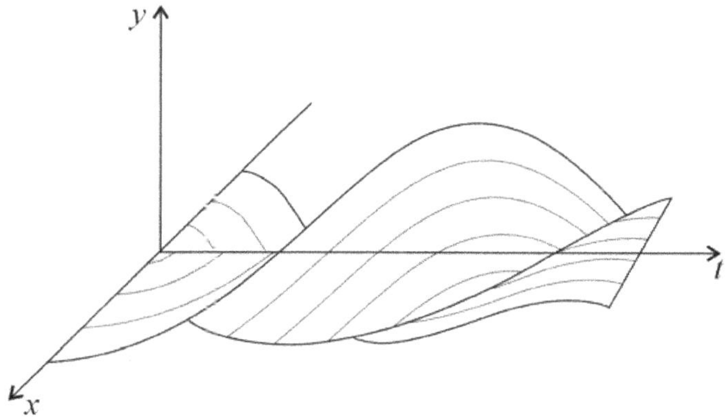

fig. 3.

Example. We shall study stability as a zero solution of the system

$$\frac{dx(t)}{dt} = \alpha x^3(t) + \beta x(t) \int_0^\pi y(t,s) ds,$$

$$\frac{\partial y(t,s)}{\partial \tau} = \frac{\partial^2 y(t,s)}{\partial s^2} + x^2(t) \sin s - y^2(t,s);$$

$$y(t,0) = y(t,\pi) = 0.$$

We shall introduce a small parameter μ, making the replacement

$$x \to \mu x\,,\; y \to y\,.$$

Here we come to the system

$$\frac{dx(t)}{dt} = \alpha\mu^2 x^3(t) + \beta\mu x(t)\int_0^\pi y(t,s)ds\,;$$

$$\frac{\partial y(t,s)}{\partial t} = \frac{\partial^2 y(t,s)}{\partial s^2} + \mu x^2(t)\sin s - \mu y^2(t,s);$$

$$y(t,0) = y(t,\pi) = 0\,.$$

Solving the last equation for $y(t,s)$, we get

$$y(t,s) = \mu x^2 \sin s + \mu^3 x^4\left(\frac{(s-0{,}5\pi)^2}{4} - \frac{\pi^2}{16} - \frac{\sin^2 s}{4}\right) + O(\mu^4 x^6)$$

.

The reduced equation of order one looks like

$$\frac{dx}{dt} = \mu^2(\alpha + 2\beta)x^3 - \beta\mu^4\left(\frac{\pi}{4} + \frac{\pi^3}{24}\right)x^5 + O\left(\mu^6 x^7\right).$$

The zero solution of this equation, and consequently the solution of the initial system is asymptotically stable at $\alpha + 2\beta < 0$ and unstable at $\alpha + 2\beta > 0$. In the same way we construct integral varieties $G(y_0)$ at the random y_0. We shall suppose in equation (47) that

$$y = N(t,0)y_0 + z\,,\; (z(0) = 0),$$

and then z is replaced by y again to admit at the system of differential equations (47) with new values of the constants M_1, M_2:

$$\begin{aligned} \frac{dx}{dt} &= \mathrm{A}(t)x + f(t,x) + \mu\varphi(t,x,N(t,0)y_0 + y), \\ \frac{dy}{dt} &= \mathrm{B}(t)y + \mu\psi(t,x,N(t,0)y_0 + y). \end{aligned} \tag{72}$$

The constants which enter the expression for μ_0 in (67) do not change compared to system (47). Thus, system (72) has the integral variation $G(0)$, and consequently system (47) has the integral variation $G(y_0)$ represented by the equation

$$y = g(t,y_0,x). \tag{73}$$

Here we apply the conditions which are analogous with the conditions (70):

$$\left\|g(t,y_0,x) - g(t,y_0,x^*)\right\| \le L_5\left\|x - x^*\right\|,$$

$$\left\|g(t,y_0,0)\right\| \le \frac{m_1}{1-q} +$$

$$+\left(1+\frac{|\mu| cL_4}{(\lambda-|\mu| cL_4)(1-q)}+\frac{|\mu|^2 cL_2L_3}{L^0(\lambda-L^0-|\mu| cL_4)(1-q)}\right)c\left\|y_0\right\|.$$

(74)

Remark 2. If system (47) has a zero solution then the integral variation $G(0)$ also has this solution. As it is demonstrated, further stability of the zero solution of system (47) is equal to the stability of the zero solution of the equation

$$\frac{dx}{dt} = \mathrm{A}(t)x + f(t,x) + \mu\varphi(t,x,g(t,x)).$$

Example. We shall consider the system of ordinary differential equations which allow a zero solution

$$\frac{dx}{dt} = \mu^n \varphi(x,y),$$

$$\frac{dy}{dt} = \mathrm{B}y + \mu^k \psi(x,y), \quad (n,k > 0),$$

where for $t \geq 0$ the following condition is applied

$$\|\exp\{\mathrm{B}t\}\| \leq ce^{-\lambda t}, \ (c \geq 1, \ \lambda > 0).$$

Let the functions $\varphi(x,y)$, $\psi(x,y)$ satisfy Lipchitz conditions. We shall find an integral variation $G(0)$ approximately from the equation

$$\mathrm{B}y + \mu^k \psi(x,y) = 0, \ y = -\mu^k \mathrm{B}^{-1}\psi(x,y) + \ldots.$$

The system is reduced approximately to the single equation

$$\frac{dx}{dt} = \mu^n \phi\left(x - \mu^k \mathrm{B}^{-1}\psi(x,0)\right) + O\left(\mu^{2n+k}\right).$$

Example. We shall analyze the stability of the zero solution of the infinite system

$$\frac{dx}{dt} = \alpha x^3 + \beta x^2 \sum_{k=1}^{\infty} \frac{y_k}{k};$$

$$\frac{dy_k}{dt} = \gamma x - k y_k + \delta \sum_{k=1}^{\infty} \frac{y_k^2}{k^2} \quad (k = 1, 2, \ldots),$$

where $\alpha, \beta, \gamma, \delta$ are small parameters of the same infinitesimal order.

Using the previous example we solve the infinite system of equations

$$\gamma x - k y_k + \delta \sum_{k=1}^{\infty} \frac{y_k^2}{k^2} = 0$$

Relative to y_k and put the approximate solutions in the first equation. Adding the rows together we receive a single equation of the first order, namely

$$\frac{dx}{dt} = x^3 \left(\alpha + \beta \frac{\pi^2}{6} \right) + O\left(\beta \gamma^2 \delta \cdot x^4 \right).$$

Consequently, the zero solution of this equation and the initial system is stable if

$$\alpha + \beta \frac{\pi^2}{6} < 0$$

and unstable if $\alpha+\beta\frac{\pi^2}{6}>0$. If

$$\alpha+\beta\frac{\pi^2}{6}=0,$$

then the reduced equation will look like

$$\frac{dx}{dt}=\beta\gamma^2\delta\left(\sum_{k=1}^{\infty}k^{-2}\right)\left(\sum_{k=1}^{\infty}k^{-4}\right)x^4+O\left(\beta\gamma^2\delta x^5\right).$$

The zero solution of the equation and the initial system is unstable at $\beta\gamma\delta\neq 0$.

While finding the solution of the equation (47) with initial conditions

$$x(0)=x_0,\ y(0)=y_0$$

at the integral variation $G(y_0)$ the order of equation (47) can be decreased as it is sufficient to consider only the following differential equation:

$$\frac{dx}{dt}=\mathrm{A}(t)x+f(t,x)+\mu\varphi(t,x,g(t,y_0,x)),$$

$$x=x(t),\ y=g(t,y_0,x). \tag{75}$$

At $|\mu|<\mu_0,\ t\geq 0$ for integral varieties $G(y_1),\ G(y_2)$ the following inequality is executed uniformly in x

$$\|g(t,y_1,x)-g(t,y_2,x)\|\leq c\|y_1-y_2\|\exp\{z_2 t\} \tag{76}$$

$$z_2=-0{,}5\left(\lambda+L_0+|\mu|L_1-|\mu|cL_4\right)-$$

$$-0,5\sqrt{\left(\lambda - L_0 - |\mu| L_4 - |\mu| cL_4\right)^2 - 4\mu^2 cL_2L_3}\ .$$

So the integral varieties $G(y_2)$ exponentially converge for growing t (fig. 4).

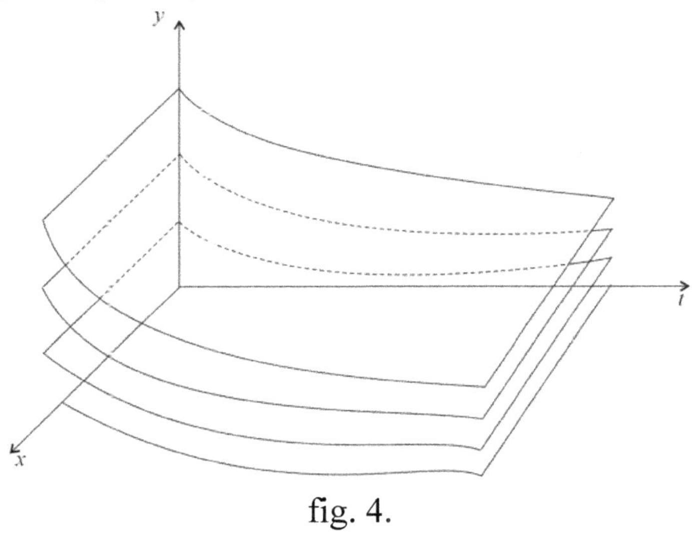

fig. 4.

§3. Approximate reduction of differential equations

Let the differential equation system (47) have a zero solution, then the equation

$$\frac{dx}{dt} = \mathrm{A}(t)x + f(t,x) + \mu\varphi(t,x,g(t,x))$$

also has a zero solution. We shall find an approximate expression for the function $g(t,x)$ out of the system

$$g(t,x) = \mu\int_0^t N(t,s)\psi(s,x(s),g(s,x(s)))ds;$$

$$x(s) = P(s,t)x + \int_t^s P(s,\tau)[f(\tau,x(\tau)) + \mu\varphi(\tau,x(\tau),g(\tau,x(\tau)))]d\tau.$$

This system of equations can be solved by the successive approximation method:

$$g_0(t,x) \equiv 0,$$

$$g_{n+1}(t,x) = \mu\int_0^t N(t,s)\psi(s,x_n(s),g_n(s,x_n(s)))ds;$$

$$x_{n+1}(s) = P(s,t)x +$$

$$+\int_t^s P(s,\tau)\left[f(\tau,x_n(\tau)) + \mu\phi(\tau,x_n(\tau),g_n(\tau,x_n(\tau)))\right]d\tau,$$

$$(n = 0,1,2,...).$$

As the asymptotic estimation is true

$$\|g_n(t,x) - g_{n-1}(t,x)\| = O(\mu^{2n-1}), \quad (n = 1,2,...),$$

we get the asymptotic formula

$$g(t,x) = g_n(t,x) + O\left(\mu^{2n+1}\right), \quad (n = 0,1,2,...). \tag{77}$$

Putting the approximate expression for $g(t,x)$ into (75), we get the approximate reduction of the system (47) to a single equation in the Banach space B_1.

Example. For the system of differential equations

$$\frac{dX}{dt} = \mathrm{A}X + \mu\Phi(X,Y), \; \frac{dY}{dt} = \mathrm{B}Y + \mu\Psi(X,Y) \tag{78}$$

while applying the conditions $\|\exp\{\mathrm{A}t\}\| \le const$, $\|\exp\{\mathrm{B}t\}\| \to 0$ as $t \to +\infty$, the reduced system will look like

$$\frac{dX}{dt} = \mathrm{A}X + \mu\Phi\left(X, \mu \int_{-\infty}^{t} e^{\mathrm{B}(t-s)}\Psi\left(e^{\mathrm{A}(s-t)}X, 0\right)ds \right). \tag{79}$$

In the most simple particular case of the systems of linear differential equations with constant coefficients

$$\frac{dx}{dt} = ax + \mu(\alpha x + \beta y), \; \frac{dy}{dt} = -y + \mu(\gamma x + \delta y)$$

we will get a reduced equation with the help of (79), namely

$$\frac{dx}{dt} = ax + \mu\left(\alpha x + \beta\mu \int_{-\infty}^{t} e^{-(t-s)}\gamma\, e^{a(s-t)}x ds \right)$$

or the equivalent differential equation

$$\frac{dx}{dt}=\left(a+\mu\alpha+\mu^2\frac{\beta\gamma}{1+a}\right)x.$$

In (79) we replace t-he lower limit 0 by $-\infty$, which simplifies the calculations.

§4. Corresponding solutions on integral varieties

Integral curves of the system (47) which cross the straight line $t = 0$, $y = y_0$ create some surface, which makes the integral variation $G(y_0)$. At $|\mu| < \mu_0$ the integral variation $G(y_0)$ can be described by the equation

$$y = g(t, y_0, x),$$

where $g(t, y_0, x)$ is a single-valued function, continuous at all t, y_0, x, monotonically growing for decreasing y_0. We shall take two integral curves on different integral varieties $G(y_1)$, $G(y_2)$, which are projected on the plane x,t onto the curves $x = x(t)$, $x = x^*(t)$. Let these projections cross each other at $t = u$. Let the point of crossing $t = u$ tend to $+\infty$. We shall fix the solution $x = x(t)$, $y = y(t)$ on the variety $G(y_1)$. The corresponding integral curve $x = x^*(t,u)$, $y = y^*(t,u)$ on the variety $G(y_2)$

$$x^*(u,u) = x(u),\ y^*(u,u) = y(u).$$

This will tend to some limited position, which will be called an integral curve on the variety $G(y_2)$ corresponding to the integral curve

$$x = x(t),\ y = y(t)$$

on the variety $G(y_1)$. The solution on $G(y_2)$

$$x = x^*(t) = \lim_{u \to +\infty} x^*(t,u),\ y = y^*(t) = \lim_{u \to +\infty} y^*(t,u)$$

will correspond to the solution $x = x(t),\ y = y(t)$ on the variety $G(y_1)$ (fig. 5).

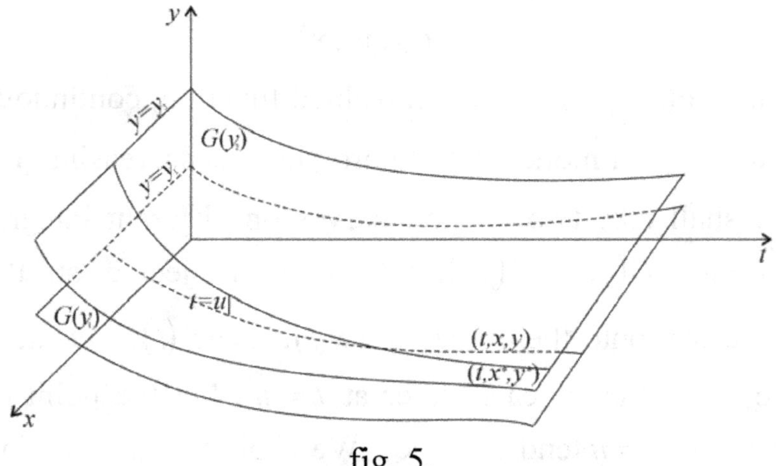

fig. 5.

At $|\mu| < \mu_0$ on the variety $G(y_2)$ there is a single solution of the system (47), which corresponds to the solution $x = x(t),\ y = y(t)$ on the variety $G(y_1)$.

Theorem: To make the solution $x = x^*(t)$, $y = y^*(t)$ correspond to the solution $x = x(t),\ y = y(t)$ on the variety $G(y_1)$ at $|\mu| < \mu_0$ it is necessary and sufficient to apply the following inequality for $a > 0$:

$$\left\| x(t) - x^*(t) \right\| \le a \exp\{z_2 t\}, \quad \text{(see (76))}. \tag{80}$$

The corresponding solutions can be defined as solutions on varieties $G(y_1)$, $G(y_2)$, having the highest order of convergence infinitesimal for $t \to +\infty$. Between the solutions on the integral varieties $G(y_1)$, $G(y_2)$ we can establish reciprocally single-valued correspondence of solutions at which each solution $x(t)$, $y(t)$ on $G(y_1)$ is conformed with the single corresponding solution $x^*(t)$, $y^*(t)$ on the integral variation $G(y_2)$.

We shall consider some solution $x = x(t)$, $y = y(t)$ of the system (47) lying on the integral variation $G(0)$:

$$x = x(t),\ y = g(t, x(t)),\ \left(g(0, x(0)) \equiv 0\right). \tag{81}$$

On all integral varieties $G(y_0)$ we shall find solutions corresponding to the solution (81). The variety of all corresponding solutions itself creates an integral variation which will be called a variety of corresponding solutions and will be specified by the equation

$$x^* = w\left(t, x, y, y^*\right),\quad x, x^* \in \mathrm{B}_1,\ y, y^* \in \mathrm{B}_2, \tag{82}$$

where (x, y), (x^*, y^*) are the two points lying on one integral variation of the corresponding solutions. The function $w(t,x,y,y^*)$ is continuous on all arguments and satisfies the condition

$$\|w(t,x,y,y_1)-w(t,x,y,y_2)\| \le L_2 L_3^{-1} L_5 \|y_1 - y_2\|.$$

The equation (82) is easily solved for x as the points (x,y) and (x^*,y^*) are interchangeable. From this equation we get

$$x = w(t,x^*,y^*,y).$$

In the extended phase space for each point (t,x,y) there is a single integral variation of the corresponding solutions, which we will denote as $H(t,x,y)$. The equation (82) expresses the conditions of adjunction of the two points in the phase space at the moment t to one integral variation of the corresponding solutions (fig. 6).

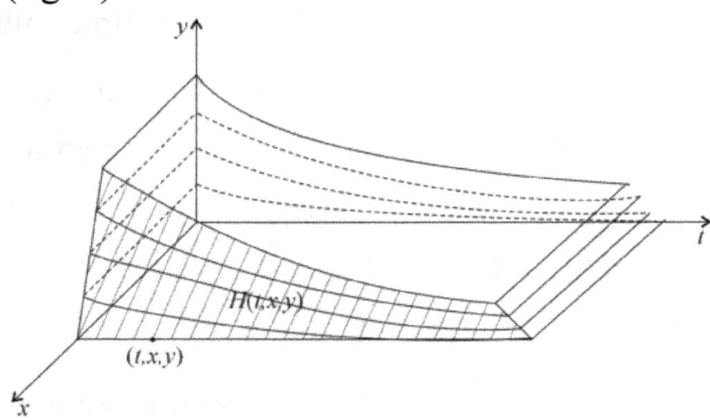

fig. 6.

We shall consider a set of all integral varieties of the corresponding solutions. Equations of these integrals can be shown as in [8, 9]

$$x = \upsilon + \mu\omega(t, \upsilon, y, \mu), \tag{83}$$

where υ is a random vector and $\omega(t, \upsilon, y, \mu)$ is a continuous function which satisfies Lipchitz conditions. If in the system (47) we use a change of variables

$$x = \upsilon + \mu\omega(t, \upsilon, y, \mu), \quad y = y, \tag{84}$$

we will get to the following system of differential equations

$$\begin{aligned} \frac{d\upsilon}{dt} &= \mathrm{A}(t)\upsilon + f(t, \upsilon) + \mu\varphi_1(t, \upsilon, \mu); \\ \frac{dy}{dt} &= \mathrm{B}(t)y + \mu\psi_1(t, \upsilon, y, \mu). \end{aligned} \tag{85}$$

Stability of the equation system solutions (85) is fully determined by the stability of solutions of the first equation (85).

Geometrically the change of variables (84) reduces itself to the case when the inclined integral varieties of the corresponding solutions (fig. 7) uncross and become cylindrical surfaces parallel with y (fig. 8).

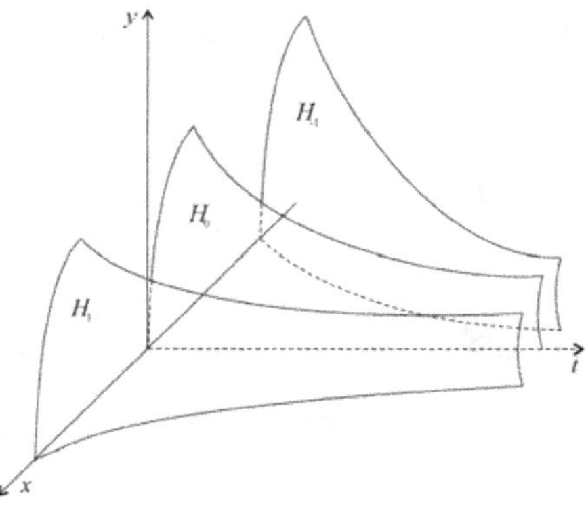

fig. 7.

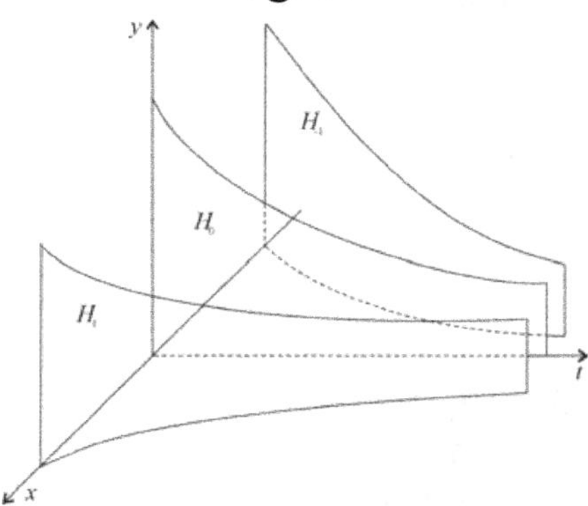

fig. 8.

The fact that (84), which transforms the equation system (47) into the equation system (85), exists is very important to us as the replacement itself can be found without using integral varieties of the corresponding solutions.

Example. We shall consider the system of differential equations

$$\frac{dx}{dt} = xy - 2x^3, \quad \frac{dy}{dt} = -y + x^2. \tag{86}$$

We shall introduce a small parameter μ with the help of replacement of the small variables $x \to x\mu$, $y \to \mu y$. Here we come to the system of equations

$$\frac{dx}{dt} = \mu xy - 2\mu^2 x^3, \; \frac{dy}{dt} = -y + \mu x^2 \qquad (87)$$

for which a requirement of a sufficient infinitesimal for the parameter $\mu > 0$ is equal to considering a small enough neighborhood of the point of origin for the equation system (86).

We use a substitution of variables (84)

$$x = \upsilon + \mu\omega_1(\upsilon, y) + \mu^2\omega_2(\upsilon, y) + \ldots; \; y = y,$$

and rewriting the equation in terms of variable υ gives

$$\frac{d\upsilon}{dt} = \mu\varphi_1(\upsilon) + \mu^2\varphi_2(\upsilon) + \ldots.$$

Excluding x from the first equation of the system (87) we get

$$\left(1 + \mu\frac{\partial\omega_1}{\partial\upsilon} + \ldots\right)\left(\mu\varphi_1 + \mu^2\varphi_2 + \ldots\right) + \left(\mu\frac{\partial\omega_1}{\partial y} + \mu^2\frac{\partial\omega_2}{\partial y} + \ldots\right)\cdot$$

$$\cdot\left(-y + \mu\upsilon^2 + \ldots\right) = \mu\, y\left(\upsilon + \mu\omega_1 + \ldots\right) - 2\mu^2\upsilon^3 + \ldots.$$

We equate coefficients with equal degrees μ. Here we get the system of linear differential equations with particular derivatives of the first order

$$\varphi_1 - y\frac{\partial \omega_1}{\partial y} = y\upsilon,$$

$$\varphi_2 + \varphi_1 \frac{\partial \omega_1}{\partial \upsilon} - y\frac{\partial \omega_2}{\partial y} + \upsilon^2 \frac{\partial \omega_1}{\partial y} = y\omega_1 - 2\upsilon^3, \ldots.$$

The condition of existence of polynomial solutions $\omega_k(\upsilon, y)$ $(k = 1,2,\ldots)$ sequentially defines the functions $\varphi_k(\upsilon)$ $(k = 1,2,\ldots)$

$$\omega_1 = -y\upsilon,\ \omega_2 = \frac{1}{2}y^2\upsilon,\ \omega_3 = -\frac{1}{6}y^3\upsilon - 2y\upsilon^3,$$

$$\omega_4 = \frac{1}{24}y^4\upsilon + 3y^2\upsilon^3, \ldots$$

$$\varphi_1 = 0,\ \varphi_2 = -\upsilon^3,\ \varphi_3 = 0,\ \varphi_4 = -2\upsilon^5, \ldots.$$

The equation for the variable υ looks like

$$\frac{d\upsilon}{dt} = -\mu^2\upsilon^3 + 2\mu^4\upsilon^5 + \ldots.$$

The zero solution of this equation is stable. Consequently, the zero solution of the equation system (86) is also stable.

§5 Some formulization of Reduction Principle

We shall demonstrate some results of the works [8, 9], which generalize the reduction principle of Lyapunov.

Theorem: Let $|\mu| < \mu_0$. If some solution $x = x(t)$, $y = y(t)$ of the system (47) is stable (asymptotically stable, unstable) then any corresponding solution $x = x^*(t)$, $y = y^*(t)$ is also stable (asymptotically stable, unstable).

In other words, all solutions of the system (47) lying on one integral variation $H(t, x, y)$ are simultaneously stable or unstable. So to analyse the stability of all solutions of the system (47) it is sufficient to take one solution from each variety of the corresponding solutions. To do this, the whole variety of the corresponding solutions should be intersected without contacts with some different integral variation and we should consider only conventional stability of solutions on this integral variation. We can take the variety $G(y_0)$ for such an integral variation. This brings us to the theorem.

Theorem. To make the solution $x = x(t)$, $y = y(t)$ of the system (47) stable (asymptotically stable, unstable) it is necessary and sufficient that for $|\mu| < \mu_0$ this solution should be stable (asymptotically stable, unstable) on the integral variation $G(y_0)$, i.e. so that the solution $x = x(t)$ of the following equation:

$$\frac{dx}{dt} = \mathrm{A}(t)x + f(t,x) + \mu\varphi(t,x,g(t,y_0,x)) \tag{59}$$

will be stable (asymptotically stable, unstable).

If the system of differential equations (47) has a zero solution then (59) has also a zero solution. At $|\mu| < \mu_0$ the stability of the zero solution of the system (47) is equal to stability of the zero solution of

$$\frac{dx}{dt} = \mathrm{A}(t)x + f(t,x) + \mu\varphi(t,x,g(t,x));$$

$$g(t,x) \equiv g(t,0,x).$$

We shall now explain the geometric point of the reduction principle. All solutions of the system (47) exponentially adjoin the integral variation $G(0)$, which intersect all integral varieties of the corresponding solutions (fig.9).

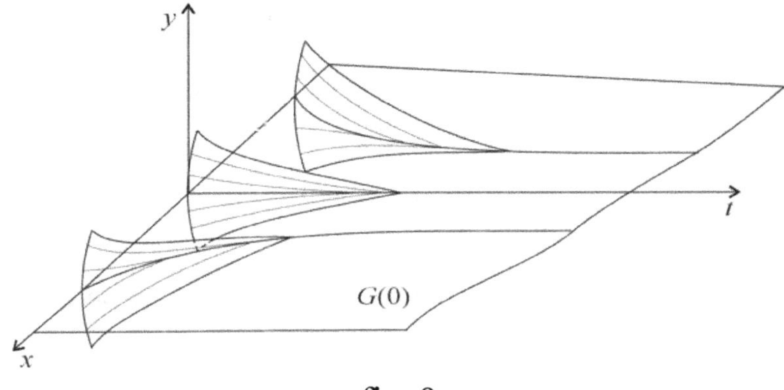

fig. 9

While analyzing the stability of the zero solution $x = 0$, $y = 0$ we should specify random initial deviations. If the initial point is located on the integral variation $G(0)$, then the integral curve at growing time t quickly adjoins the corresponding solution on the integral variation $G(0)$. So while analyzing the stability it is sufficient to specify initial points only on the integral variation $G(0)$. Thus the stability of the zero solution of the system (47) is equal to the conventional stability of the solutions of the system (47) on the variety $G(0)$, i.e. the stability of the zero solution of the equation (59).

We now come to the theorem which generalizes the well-known result of A.M. Lyapunov. [1].

Theorem: If the system of differential equations (47) has an integral variation of solutions $y = 0$, i.e. if the identity $\psi(t,x,0) \equiv 0$ is applied, then the stability of the zero solution of the system (47) is equal to the stability of the zero solution of the equation

$$\frac{dx}{dt} = \mathrm{A}(t)x + f(t,x) + \mu\varphi(t,x,0). \tag{88}$$

Theorem: Let the stability of the solution of the system while fulfilling condition

$$\frac{dx}{dt} = \mathrm{A}(t)x + f(t,x) + \mu\varphi(t,x,0) + s(t,x)$$

not depend on the selection of the function $s(t,x)$, which is continuous on all arguments and satisfies Lipchitz condition

$$\|s(t,x_1) - s(t,x_2)\| \le \rho\|x_1 - x_2\|,\ \rho = const\,,$$

when the condition

$$\|s(t,x)\| \le \gamma\|x\|^n,\quad (\gamma = const,\ n > 0,\ t \ge 0)$$

is applied.

Then the stability of the zero solution of the system (47) is equal at sufficiently small values of $|\mu| > 0$ to the stability of the zero solution of the equation (88).

Examples. We shall analyze the stability of the zero solution of the system of differential equations

$$\frac{dx_1}{dt} = -x_2 - x_1\left(x_1^2 + x_2^2\right) + y^2,$$

$$\frac{dx_2}{dt} = x_1 - x_2\left(x_1^2 + x_2^2\right) - y^2,$$

$$\frac{dy}{dt} = -2y + x_1^2 \cos t + x_2^2 \sin t + x_1^3 + x_2^3.$$

The variable y has second-order relatively variables x_1, x_2. Neglecting terms of order four in the first two equations we come to the system of equations

$$\frac{dx_1}{dt} = -x_2 - x_1\left(x_1^2 + x_2^2\right), \ \frac{dx_2}{dt} = x_1 - x_2\left(x_1^2 + x_2^2\right),$$

which has a stable zero solution independently on members of higher than a third-order. Thus, the zero solution of the studied system is stable.

In conclusion we shall give an example of analyzing the stability of a system of differential equations in the Banach space.

Example. We shall analyze the stability of the zero solution of the system of differential equations

$$\frac{dx(t)}{dt} = \mu^2 \alpha x(t) + \mu \sin t \cdot \int_0^\pi u(t,s)ds;$$

$$\frac{\partial u(t,s)}{\partial t} = \frac{\partial^2 u(t,s)}{\partial s^2} + \mu \sin t \cdot x(t), \quad u(t,0) = u(t,\pi) = 0. \tag{89}$$

The second equation has at $\mu = 0$ an asymptotically stable zero solution since

$$\frac{d}{dt}\int_0^\pi u^2(t,s)ds = -2\int_0^\pi \left(\frac{\partial u(t,s)}{\partial s}\right)^2 ds \le -2\int_0^\pi u^2(t,s)ds.$$

We shall substitute variables in the system (89)

$$x = \upsilon + \mu a_1(t)\upsilon + \mu^2 a_2(t)\upsilon + \ldots + \mu V_1(t)u(t,s) +$$
$$+\mu^2 V_2(t)u(t,s) + \ldots,$$
$$u(t,s) = u(t,s),\ u(t,0) = u(t,\pi) = 0.$$

We shall suppose that after reduction the equation for υ will look like

$$\frac{d\upsilon}{dt} = \mu w_1(t)\upsilon + \mu^2 w_2(t)\upsilon + \ldots.$$

In the first approximation we get the equations

$$w_1(t) + \frac{da_1(t)}{dt} = 0,$$

$$\frac{\partial V_1(t)}{\partial t}u(t,s) + V_1(t)\frac{\partial^2 u}{\partial s^2} = \sin t \cdot \int_0^\pi u(t,s)ds.$$

From the first equation we find limited solutions

$$w_2(t) \equiv 0, \; a_1(t) \equiv 0.$$

Solutions of the second equation are found to be

$$V_1(t) = \mathrm{A}\cos t + \mathrm{B}\sin t,$$

where A, B are operators which do not depend on time.

$$\mathrm{B}u(t,s) + \mathrm{A}\frac{\partial^2 u(t,s)}{\partial s^2} = 0,$$

$$-\mathrm{A}u(t,s) + \mathrm{B}\frac{\partial^2 u(t,s)}{\partial s^2} = \int_0^\pi u(t,s)ds.$$

To find the operators A, B we shall expand $u(t,s)$ as Fourier series

$$u(t,s) = \frac{2}{\pi}\sum_{k=1}^{\infty} \sin ks \int_0^\pi \sin kz \cdot u(t,z)dz.$$

Applying operators A, B to a separate component $\sin ks$, we will get for even k, the equation

$$\mathrm{B}\sin ks - k^2 \sin ks = 0, \; \mathrm{A}\sin ks + k^2 \mathrm{B}\sin ks = 0.$$

Consequently at even values $k = 2n$ we have

$$\mathrm{A}\sin 2ns = 0, \; \mathrm{B}\sin 2ns = 0 \; (n = 1, 2, \ldots).$$

At the odd values k we get the equations

$$\mathrm{B}\sin ks - k^2 \mathrm{A}\sin ks = 0, \; -\mathrm{A}\sin ks - k^2 \mathrm{B}\sin ks = \frac{2}{k}.$$

Consequently at odd values $k = 2n+1$ $(n = 0,1,2,...)$ we get the equations

$$\mathrm{A}\sin(2n+1)s = -\frac{2}{(2n+1)\left(1+(2n+1)^4\right)},$$

$$\mathrm{B}\sin(2n+1)s = -\frac{2(2n+1)}{1+(2n+1)^4}.$$

Using the obtained conclusions for the function $u(t,s)$ shown as a trigonometric series we will get

$$V_1(t)u(t,s) = -\cos t \cdot \frac{4}{\pi}\int_0^{\pi}\sum_{n=0}^{\infty}\frac{\sin(2n+1)z}{(2n+1)\left(1+(2n+1)^4\right)}u(t,z)\,dz -$$

$$-\sin t \cdot \frac{\pi}{4}\int_0^{\pi}\sum_{n=0}^{\infty}\frac{(2n+1)\sin(2n+1)z}{1+(2n+1)^4}u(t,z)\,dz =$$

$$= (\mathrm{A}\cos t + \mathrm{B}\sin t)u(t,s).$$

The equation for $a_2(t)$ will look like

$$\frac{da_2(t)}{dt} = \alpha - W_2(t) - (\mathrm{A}\cos t + \mathrm{B}\sin t)\sin t.$$

From the existence of the solution which is limited on the whole axis t we can find one of the possible values $W_2(t)$:

$$W_2(t) = \alpha - \frac{1}{2}\mathrm{B}\cdot 1.$$

In the second approximation we find the following differential equation

$$\frac{dv}{dt} = \mu^2 \left(\alpha + \frac{2}{\pi} \int_0^{\pi} \sum_{n=0}^{\infty} \frac{(2n+1)\sin(2n+1)z}{1+(2n+1)^4} dz \right) v + O(\mu^3) v .$$

Performing integration on z we come to the equation

$$\frac{d\upsilon}{dt} = \left(\mu^2 \alpha + \mu^2 \gamma + O(\mu^3)\right)\upsilon ,$$

$$\gamma = \frac{4}{\pi} \sum_{n=0}^{\infty} \frac{1}{1 + (2n+1)^4} = 0{,}6551132\ldots .$$

Consequently solutions of the system (89) are stable at $\alpha + \gamma < 0$ and unstable at $\alpha + \gamma > 0$ if the value $|\mu|$ is small enough.

Tasks for self-studying

1. Find necessary and sufficient conditions for which the system of integral-differential equations like the following

$$\frac{dX(t)}{dt} = \mathrm{A}(t)X(t) + \int_0^t \mathrm{K}(t,\tau)X(t-\tau)d\tau$$

has a set of solutions which satisfy the equation system

$$\frac{dX(t)}{dt} = \mathrm{B}(t)X(t).$$

Find the conditions at which any solution of the first system tends for $t \to +\infty$ to one of the solutions of the second system.

2. State reduction principle for the system of equations (47) using an integral variation on which $y(0) = s(x(0))$.

3. Work out reduction principle for differential equations with a delayed argument.

4. Research the case of linear equation system (47) and find an equation for the integral varieties G, H.

5. Work out the reduction principle for difference equations.

Literature

1. Lyapunov A.M. General task about motion stability. – Collected edition in 6 volumes. – Publishing Academy of Sciences USSR, 1956. – volume 2. – 472 p.
2. Stryzhak T.G. Averaging method in mechanics tasks. – Kiev, Donetsk, 1982. – 252 p.
3. Stryzhak T.G. Asymptotic method of normalization.–Kiev: Vyshcha shkola, 1984. – 280 p.
4. Valeev K.G., Zhautykov O.A. Infinite systems of differential equations. – Alma-Ata, Nauka, 1974. – 416 p.
5. Ryabov Y.A. About approximation of solutions of non-linear differential equations with a delayed argument. – Seminar on the theory of differential equations with a delayed parameter. – Moscow: Patrice Lumumba University of People's Friendship, 1965. - Volume 3. - P. 165-185.
6. Neymark Y.I., Fishman Y.I. About general behavior of phase trajectories of differential equations with a delayed argument. – Report of Academy of Sciences USSR, 1966. - Volume 171, #1, c. 44-47.

Серия лекций по современным разделам математики для иностранных стажеров IAESTE

Принципом сведения называется общая идея о том, что при исследовании устойчивости решений динамической системы (системы дифференциальных, разностных, дифференциально-разностных уравнений) во многих случаях можно понизить порядок исследуемой системы. Поскольку основным препятствием при исследовании любой динамической системы является большая размерность системы, то понижение порядка существенно упрощает исследование устойчивости.

В настоящей работе излагаются некоторые способы понижения порядка системы. Мы не приводим подробного обоснования, чтобы не затруднять понимание основных идей, а строгость изложения мы заменяем наличием примеров и ссылками на оригинальные работы.

Тел.: +380 44 4068348
Факс: +380 44 4068220
E-mail: stri@aer.ntu-kpi.kiev.ua
Web-site: www.iaeste.org.ua

§1. Понятие о принципе сведения

Принципом сведения называется общая идея о том, что при исследовании устойчивости решений динамической системы (системы дифференциальных, разностных, дифференциально-разностных уравнений) во многих случаях можно понизить порядок исследуемой системы. Поскольку основным препятствием при исследовании любой динамической системы является большая размерность системы, то понижение порядка существенно упрощает исследование устойчивости.

В настоящей работе излагаются некоторые способы понижения порядка системы. Мы не приводим подробного обоснования, чтобы не затруднять понимание основных идей, а строгость изложения мы заменяем наличием примеров и ссылками на оригинальные работы.

Рассмотрим систему линейных дифференциальных уравнений

$$\frac{dZ}{dt} = \Lambda Z, \ \dim Z = m, \ \dim \Lambda = m \times m. \qquad (1)$$

Предположим, что несколько собственных чисел матрицы Λ находятся в окрестности мнимой оси, а остальные собственные числа имеют отрицательные действительные части.

Линейной заменой переменных

$$Z = \mathrm{T}\begin{pmatrix} X \\ Y \end{pmatrix}, \ \dim X = p, \ \dim Y = q,$$

$p + q = m$

преобразуем систему уравнений (1) к виду

$$\frac{dX}{dt} = \mathrm{A}X, \ \frac{dY}{dt} = \mathrm{B}Y. \qquad (2)$$

Собственные числа матрицы A лежат в окрестности мнимой оси, а собственные числа матрицы B имеют отрицательные действительные части.

Устойчивость нулевого решения системы (1) равносильна устойчивости нулевого решения системы уравнений

$$\frac{dX}{dt} = \mathrm{A}X, \qquad (3)$$

которую будем называть сведенной или редуцированной системой. Поскольку справедливо соотношение

$$\lim_{t\to+\infty} Y = \lim_{t\to+\infty} e^{\mathrm{B}t} Y(0) = 0,$$

то любое решение системы уравнений (1)

$$Z = \mathrm{T}\begin{pmatrix} e^{\mathrm{A}t} X(0) \\ e^{\mathrm{B}t} Y(0) \end{pmatrix}$$

стремится при $t \to +\infty$ к одному из решений системы (1) вида

$$Z = \mathrm{T}\begin{pmatrix} e^{\mathrm{A}t} X(0) \\ 0 \end{pmatrix}. \tag{4}$$

При $t \to +\infty$ все множество решений системы (1) примыкает к решениям системы (1) вида (4). Аналогичное явление справедливо для нелинейных систем, близких к линейным системам.

А.М. Ляпунов в работе [1] разработал метод исследования устойчивости нулевого решения нелинейной системы дифференциальных уравнений

$$\frac{dX}{dt} = \mathrm{A}X + F_2(X) + F_3(X) + \ldots,\ \dim X = m, \tag{5}$$

где проекции вектор-функций $F_k(X)$ $(k = 2,3,\ldots)$ являются однородными многочленами степени k относительно x_s $(s = 1,\ldots,m)$ – проекций вектора $X^* = (x_1,\ldots,x_m)$.

Звездочка здесь и далее обозначает транспонирование вектора или матрицы.

Пусть система линейного приближения

$$\frac{dX}{dt} = \mathrm{A}X \tag{6}$$

имеет характеристические показатели $\alpha_1,...,\alpha_m$, которые являются собственными числами матрицы A, т.е. корнями алгебраического уравнения

$$\det\left(E\alpha - \mathrm{A}\right) = 0. \tag{7}$$

В работе [1] наибольшее внимание уделено исследованию устойчивости в основных критических случаях, когда уравнение (7) имеет один нулевой или два чисто мнимых, комплексно-сопряженных корня, а остальные корни уравнения (7) имеют отрицательные действительные части. В этих случаях А.М. Ляпунов свел исследование нулевого решения системы уравнений (1) к исследованию устойчивости нулевого решения одного дифференциального уравнения первого порядка

$$\frac{dx}{dt} = ax^n \quad \left(n \geq 2\right). \tag{8}$$

Эти результаты обобщались во многих работах, в частности в работах А.Е. Белана, Е.Н. Дыхмана, Г.В. Каменкова, С. Лефшеца, О.Б. Лыковой, Г.И. Мельникова, И.Г. Малкина, В.А. Плисса, Л. Сальвадора и многих других. Все эти работы по приведению системы дифференциальных уравнений к нормальной форме пригодны для реализации принципа сведения.

Наиболее общие результаты по принципу сведения для конечномерных систем вида (5) получены в наших работах [2, 3], где создан асимптотический метод усреднения, позволяющий нормализовать систему уравнений (5), выделить критические переменные и найти систему дифференциальных уравнений только для критических переменных.

§2. Интегральные многообразия

В теории и практике принципа сведения основную роль играет понятие интегрального многообразия, которое было введено в теорию дифференциальных уравнений в работах А.М. Ляпунова и А. Пуанкаре.

Определение. Множество $\mathrm{M} = \{t, X\}$ точек в расширенном фазовом пространстве (t, X) называется интегральным многообразием системы дифференциальных уравнений

$$\frac{dX}{dt} = F(t, X), \qquad (9)$$

если из условия, что начальная точка $(t_0, X_0) \in \mathrm{M}$ следует, что вся интегральная кривая системы уравнений (9) с начальной точкой (t_0, X_0) целиком принадлежит множеству M. Можно сказать, что интегральное многообразие это множество интегральных кривых системы уравнений (9).

Пример. Система дифференциальных уравнений

$$\frac{dx}{dt} = -y, \quad \frac{dy}{dt} = x$$

имеет интегральное многообразие $x^2 + y^2 = 1$.

Пусть система уравнений (9) имеет общее решение

$$X = \Phi\left(t, c_1, ..., c_m\right), \tag{10}$$

где $c_1, ..., c_m$ – произвольные постоянные. Пусть заданы q уравнений, связывающих произвольные постоянные

$$h_j\left(c_1, ..., c_m\right) = 0, \quad \left(j = 1, ..., q\right), \quad m > q. \tag{11}$$

Система уравнений (10), (11) определяет интегральное многообразие размерности $m - q$.

Система неявных уравнений

$$g_j\left(t, x_1, ..., x_m\right) = 0, \quad \left(j = 1, ..., q\right) \tag{12}$$

определяет интегральное многообразие M размерности $m - q$, если ранг матрицы Якоби

$$\frac{DG}{DX} = \left\| \frac{\partial g_j}{\partial x_k} \right\| \quad \left(j = 1, ..., q;\ k = 1, ..., m\right),$$

равен q и выполнены уравнения

$$\frac{dg_j}{dt} \equiv \frac{\partial g_j}{\partial t} + \sum_{k=1}^{m} \frac{\partial g_j}{\partial x_k} f_k = 0, \ F\left(t, X\right) = \begin{pmatrix} f_1 \\ .... \\ f_m \end{pmatrix} \tag{13}$$

в силу системы уравнений (12), т.е. на интегральном многообразии M .

Пример. Для системы дифференциальных уравнений

$$\frac{dx}{dt} = y + x\left(1 - x^2 - y^2\right),$$

$$\frac{dy}{dt} = -x + y\left(1 - x^2 - y^2\right)$$

существует интегральное многообразие размерности 1 с уравнением

$$g(t, x, y) \equiv 1 - x^2 - y^2 = 0.$$

Дифференцируя функцию $g(t, x, y)$ получим уравнение

$$\frac{dg(t, x, y)}{dt} = -2\left(x^2 + y^2\right)\left(1 - x^2 - y^2\right),$$

правая часть которого обращается в нуль при $g(t, x, y) = 0$.

Классификация интегральных многообразий дана в работе [4].

В этой работе приводится сравнение разных асимптотических методов решения и исследования систем дифференциальных уравнений и **показано, что все существующие и, по-видимому, все будущие аналитические методы являются методами построения интегральных**

многообразий. Наиболее часто используется следующая схема, которая была названа методом расширения исходной системы [4].

Заданная система уравнений

$$\frac{dx_k}{dt} = f_k\left(t, x_1, ..., x_m\right), \quad \left(k = 1, ..., m\right) \qquad (14)$$

дополняется вспомогательной системой дифференциальных уравнений

$$\frac{dz_s}{dt} = \phi_s\left(t, z_1, ..., z_r\right), \quad \left(s = 1, ..., r\right) \qquad (15)$$

такой, что расширенная система уравнений (14), (15) имеет интегральное многообразие, определяемое системой уравнений

$$g_j\left(t, x_1, ... x_m, z_1, ..., z_r\right) = 0, \qquad \left(j = 1, ..., q\right).$$

(16)

Информация о поведении решений системы уравнений (14), получается из исследования решений системы уравнений (15).

В частном случае при $r = m$ система уравнений (16) определяет замену переменных.

Пример. Исследуем систему уравнений

$$\frac{dx}{dt} = \alpha x + \beta y, \quad \frac{dy}{dt} = -y + x.$$

Введем новую переменную $z = x + \delta y$ такую, что выполнено дифференциальное уравнение

$$\frac{dz}{dt} = \lambda z .$$

Подставляя z, приходим к системе уравнений

$$\alpha + \delta = \lambda , \ \beta - \alpha = \lambda \delta .$$

Исключая δ, получим уравнение для λ, которое совпадает с характеристическим уравнением

$$\lambda^2 + \lambda(1 - \alpha) - (\alpha + \beta) = 0 .$$

Находим наибольшее значение λ и условие устойчивости

$$\lambda = 0{,}5\left(\alpha - 1 + \sqrt{(\alpha + 1)^2 + 4\beta}\right) < 0 ,$$

которое преобразуется в неравенства:

$$\alpha < 1 , \ \alpha + \beta < 0 .$$

Область асимптотической устойчивости заштрихована на рис. 1 на плоскости параметров α, β

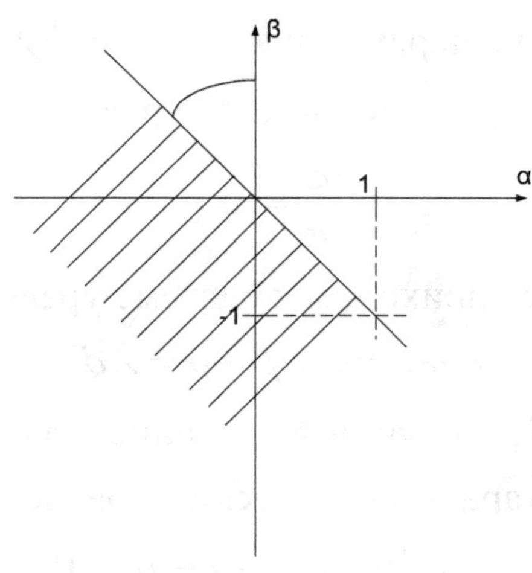

рис. 1.

Исследуем устойчивость нулевого решения системы дифференциальных уравнений

$$\begin{aligned} \frac{dX}{dt} &= AX + F(X,Y), \qquad F(0,0) \equiv 0; \\ \frac{dY}{dt} &= BY + G(X,Y), \qquad G(0,0) \equiv 0. \end{aligned} \tag{17}$$

Разложение проекций вектор-функций $F(X,Y)$, $G(X,Y)$ по степеням проекций векторов X,Y начинается с членов второго порядка или выше. Пусть собственные числа матрицы A лежат на мнимой оси, а собственные числа матрицы B имеют отрицательные действительные части. Переменные X называются критическими.

Выразим некритические переменные Y через критические переменные X с помощью системы уравнений

$$Y = \Phi(X),\ \Phi(0) = 0. \tag{18}$$

Система уравнений (18) определяет интегральное многообразие критических переменных. Для отыскания вектор-функции $Y = \Phi(X)$ дифференцируем систему уравнений (18) по t и исключаем переменные Y. Приходим к системе дифференциальных уравнений с частными производными

$$\mathrm{B}\Phi(X) + G(X,\Phi(X)) = \frac{D\Phi(X)}{DX}\left(\mathrm{A}X + F(X,\Phi(X))\right). \tag{19}$$

Решение этой системы уравнений (19) ищется в виде степенных рядов по степеням проекций вектора X или в виде рядов по степеням малых параметров. В частности можно использовать метод последовательных приближений

$$\Phi_{n+1}(X) = \mathrm{B}^{-1}\frac{D\Phi_n(X)}{DX}\left(\mathrm{A}X + F(X,\Phi_n(X)) - B^{-1}G(X,\Phi_n(X))\right)$$

$$\Phi_0(X) \equiv 0 \tag{20}$$

Пример. Исследуем устойчивость нулевого решения системы дифференциальных уравнений

$$\frac{dx}{dt} = axy, \quad \frac{dy}{dt} = -y + x^2 \tag{21}$$

в критическом случае одного нулевого корня.

Ищем интегральное многообразие решений $y = \varphi(x)$ системы (21), выражающее некритическую переменную y через критическую переменную x. Имеем уравнение вида (19)

$$\varphi(x) = x^2 - ax \cdot \varphi(x) \frac{d\varphi(x)}{dx}.$$

Решая методом последовательных приближений, находим

$$y = x^2 - 2ax^4 + 12a^2x^6 - \dots.$$

Система уравнений (21) сводится к одному уравнению

$$\frac{dx}{dt} = ax^3 - 2a^2x^5 + 12a^3x^7 - \dots. \tag{22}$$

Нулевое решение системы (21) асимптотически устойчиво при $a < 0$ и неустойчиво при $a > 0$.

§3. Сведение дифференциальных уравнений с запаздывающим аргументом

Новый этап в развитии принципа сведения начался фактически с работы [5], где показано, что система дифференциальных уравнений с отклоняющимся аргументом имеет конечномерное семейство решений, которые являются решениями системы обыкновенных дифференциальных уравнений без отклонений аргумента. В случае запаздывании аргумента это конечномерное семейство решений притягивает все остальные решения системы дифференциальных уравнений с запаздывающим аргументом. Как показано в работе [4] из этого свойства вытекают все известные результаты по принципу сведения.

Рассматривается система дифференциальных уравнений с отклонениями (в частном случае с запаздываниями) аргумента

$$\frac{dX(t)}{dt} = f\big(t, X(t+\theta)\big), \quad -h \le \theta \le h. \tag{23}$$

Здесь $f\big(t, X(t+\theta)\big)$ – вектор функционалов, зависящих от t, θ. Предполагаем выполнение условий

$$\left\| f\left(t, X\left(t+\theta\right)\right) - f\left(t, Z\left(t+\theta\right)\right) \right\| < L \sup_{-h\le\theta\le h} \left\| X\left(t+\theta\right) - Z\left(t+\theta\right) \right\|;$$
$$\left\| f\left(t,0\right)\right\| \le m$$

(24)

Ищем систему обыкновенных дифференциальных уравнений без отклонений аргумента

$$\frac{dX\left(t\right)}{dt} = F\left(t, X\left(t\right)\right), \tag{25}$$

все решения которой являются решениями системы уравнений (23). Если система уравнений (25) существует, то будем называть ее редуцированной или сведённой. Из системы уравнений (25) находим систему уравнений

$$X\left(t+\theta\right) = X + \int_t^{t+\theta} F\left(s, X\left(s\right)\right) ds,\ X \equiv X\left(t\right). \tag{26}$$

На решениях системы уравнений (25) выполнено равенство

$$F\left(t, X\right) = f\left(t, X + \int_t^{t+\theta} F\left(s, X\left(s\right)\right) ds \right), \tag{27}$$

которое является уравнением для отыскания вектор-функции $F\left(t, X\right)$. Решение $F\left(t, X\right)$ уравнения (27) можно найти методом последовательных приближений

$$F_{n+1}(t,X) = f\left(t, X + \int_t^{t+\theta} F_n(s, X_n(s))\,ds\right); \quad F_0(t,X) \equiv 0;$$
$$X_n(s) = X + \int_t^s F_n(u, X_n(u))\,du; \quad F(t,X) = \lim_{n\to\infty} F_n(t,X). \tag{28}$$

При выполнении условий (24) и при достаточно малых значениях $h > 0$ последовательность $F_n(t, X)$ сходится [4, 5].

Если система уравнений (23) имеет только запаздывания аргумента, т.е. $-h \le \theta \le 0$, то система уравнений (25) имеет асимптотическое свойство. При достаточно малом значении $h > 0$ любое решение системы (23) стремится при $t \to +\infty$ к одному из решений системы уравнений (25). Таким образом бесконечное множество решений системы уравнений (23) с запаздывающим аргументом ведет себя при $t \to +\infty$ как одно из решений системы уравнений (25). Все бесконечномерное множество решений системы уравнений (23) примыкает при $t \to +\infty$ к конечномерному множеству решений системы уравнений (25).

Если система уравнений (23) имеет нулевое решение, то и система уравнений (25) тоже имеет нулевое решение. При этом устойчивость нулевого решения системы (25) равносильна устойчивости нулевого решения системы уравнений (23), т.е. **имеет место принцип сведения**.

На асимптотический характер решений дифференциального уравнения первого порядка с запаздыванием аргумента ранее указал Ю.А. Рябов [6], который с помощью метода малого параметра строил отдельные решения уравнения с запаздывающим аргументом. В работе [5] строятся не отдельные решения, а сразу редуцированная система обыкновенных дифференциальных уравнений без запаздываний аргумента. При этом доказано асимптотическое свойство решений при достаточно малых значениях отклонений аргумента.

Пример. Рассмотрим линейное дифференциальное уравнение с запаздывающим аргументом

$$\frac{dx(t)}{dt} = -x(t-h),\ h > 0\,. \tag{29}$$

Если искать решение уравнения в виде $x(t) = e^{pt}$, то получим трансцендентное уравнение

$$p = -e^{-ph}\,. \tag{30}$$

Это уравнение при $0 \le h < e^{-1}$ имеет один корень p_0 с наибольшей вещественной частью. Остальные корни уравнения (30) лежат в полуплоскости $\operatorname{Re} p < p_0 < 0$. При $t \to +\infty$ любое решение уравнения (29) стремится к одному из решений вида

$$x(t) = \exp\{p_0 t\}$$

уравнения (29). В этом заключается асимптотическое свойство решений редуцированного дифференциального уравнения

$$\frac{dx(t)}{dt} = p_0 x(t). \tag{31}$$

Будем искать редуцированное дифференциальное уравнение без запаздываний аргумента

$$\frac{dx(t)}{dt} = F(x(t)), \quad F(x) = ax, \tag{32}$$

все решения которого удовлетворяют уравнению (29). Функция $F(x)$ удовлетворяет функциональному уравнению вида (26)

$$F(x) = -\left(x + \int_t^{t-h} F(x(s)) ds \right),$$

где $x(t)$ – решение уравнения (32).

Используем метод последовательных приближений (28)

$$F_{n+1}(x) = -x - \int_t^{t-h} F_n(x_n(s))ds, \quad F_0(x) \equiv 0;$$

$$x_n(u) = x + \int_t^u F_n(x_n(s))ds, \quad F_n(x) = a_n x$$

и получим последовательные значения постоянной a_n

$$a_{n+1} = -\exp\{-ha_n\}, \quad (n = 0,1,2,...; \quad a_0 = 0).$$

Эта последовательность сходится при $0 \le h < e^{-1}$

$$\lim_{n\to\infty} a_n = p_0,$$

где p_0 – корень уравнения $p = -\exp\{-ph\}$ с наибольшей действительной частью.

При $0 \le h < e^{-1}$ уравнение с запаздывающим аргументом (29) имеет однопараметрическое семейство решений

$$x(t) = c\exp\{p_0 t\},$$

которое притягивает при $t \to +\infty$ все остальные решения уравнения (29). При $e^{-1} < h < 0{,}5\pi$ уравнение (29)имеет уже двухпараметрическое асимптотическое семейство решений. В данном примере совпадают условия существования однопараметрического асимптотического семейства решений и условия сходимости последовательности функций $F_n(x)$, $(n = 0,1,2,...)$.

Пример. Изложенный в работах [4, 5] способ построения редуцированной системы дифференциальных уравнений позволяет приближенно исследовать системы дифференциальных уравнений вида (23) с малыми запаздываниями аргумента τ

$$\frac{dX(t)}{dt} = \mathrm{A}X(t-\tau), \quad (\tau \geq 0). \tag{33}$$

Разложим $X(t-\tau)$ в ряд по формуле Тейлора и исключим производные в силу системы уравнений

$$\frac{dX(t)}{dt} = \mathrm{B}X(t). \tag{34}$$

Получим равенство

$$X(t-\tau) = \sum_{k=0}^{\infty} \frac{(-\tau)^k}{k!} \cdot \frac{d^k X(t)}{dt^k} = \sum_{k=0}^{\infty} \frac{(-\tau)^k}{k!} \mathrm{B}^k X(t) = e^{-\tau \mathrm{B}} X(t)$$

.

Система уравнений без запаздывания аргумента примет вид

$$\frac{dX(t)}{dt} = \mathrm{A}e^{-\tau \mathrm{B}} X(t), \quad \mathrm{B} = \mathrm{A}e^{-\tau \mathrm{B}}.$$

Для матрицы B в системе уравнений (34) находим выражение

$$\mathrm{B} = A - \tau \mathrm{A}^2 + \frac{3}{2}\tau^2 \mathrm{A}^3 - \frac{8}{3}\tau^3 \mathrm{A}^4 + \ldots.$$

При достаточно малых значениям $\tau > 0$ устойчивость нулевого решения системы уравнения (34) равносильна устойчивости нулевого решения системы (33).

Матрицу B можно найти численно методом последовательных приближений

$$\mathrm{B}_{n+1} = \mathrm{A}\exp\{-\tau \mathrm{B}_n\},\ \mathrm{B}_0 = 0;\ \mathrm{B} = \lim_{n\to\infty} \mathrm{B}_n,$$

который сходится при $\|\mathrm{A}\| < \dfrac{1}{e\tau}$.

Пример. Найдем условие устойчивости решений системы линейных дифференциальных уравнений

$$\frac{dX(t)}{dt} = \mathrm{A}X(t) + \mathrm{B}X(t-\tau). \qquad (35)$$

Система уравнений без запаздывания аргумента

$$\frac{dX(t)}{dt} = CX(t) \qquad (36)$$

находится из матричного уравнения

$$C = \mathrm{A} + \mathrm{B}\exp\{-\tau C\};$$

$$C = \mathrm{A} + \mathrm{B} - \tau \mathrm{B}(\mathrm{A} + \mathrm{B}) + \tau^2 \mathrm{B}(\mathrm{A} + 2\mathrm{B})(\mathrm{A} + \mathrm{B}) + O(\tau^3).$$

Условия устойчивости решений системы (36) совпадают с условиями устойчивости решений системы (35).

Матрицу C можно найти методом последовательных приближений

$$C_{n+1} = A + \mathrm{B}\exp\{-\tau C_n\},\ C_0 = 0,\ C = \lim_{n\to\infty} C_n.$$

Эти последовательные приближения заведомо сходятся при условии

$$\|\mathrm{B}\| < \left(\tau \exp\{\tau\|\mathrm{A}\| + 1\}\right)^{-1}.$$

Пример. Рассмотрим систему дифференциальных уравнений с малыми запаздываниями аргумента и малым параметром μ

$$\frac{dX(t)}{dt} = \mathrm{A}X(t) + \mu F\left(X(t), X(t-\tau_1), \ldots, X(t-\tau_n)\right)$$

, (37)

где $\tau_k \geq 0$ $(k = 1, \ldots, n)$. Сведем эту систему с запаздываниями аргументами к системе уравнений без отклонений аргумента. В первом приближении получим систему уравнений

$$\frac{dX(t)}{dt} = \mathrm{A}X(t) + \mu F\left(X(t), e^{-\mathrm{A}\tau_1}X(t), \ldots, e^{-\mathrm{A}\tau_n}X(t)\right). \quad (38)$$

В работе Ю.И. Неймарка и Л.З. Фишмана [7] изучено соответствие качественного поведения решений системы уравнений (37), (38). Очевидно, что малые запаздывания τ_k аргумента могут сами зависеть от времени t.

§4. Дифференциальные уравнения с неограниченными запаздываниями аргумента

В работах [5, 6] предполагалось, что запаздывания достаточно малы. Как показано в работе [4] это ограничение несущественно. Запаздывания могут быть как угодно большими, но члены с запаздывающими аргументами должны входить с достаточно малыми коэффициентами.

Пример. Рассмотрим систему линейных дифференциальных уравнений с запаздываниями аргумента

$$\frac{dX(t)}{dt} = \mathrm{A}X(t) + \sum_{k=1}^{N} \mathrm{A}_k X(t-\tau_k), \ \tau_k \geq 0. \qquad (39)$$

Ищем систему дифференциальных уравнений, решения которой удовлетворяют системе уравнений (39)

$$\frac{dX(t)}{dt} = \mathrm{B}X(t), \quad \mathrm{B} = \mathrm{A} + \sum_{k=1}^{N} \mathrm{A}_k e^{-\mathrm{B}\tau_k}. \qquad (40)$$

Матрицу В можно найти методом последовательных приближений

$$\mathrm{B}_{n+1} = \sum_{k=1}^{N} \mathrm{A}_k \exp\left\{-\mathrm{B}_n \tau_k\right\}, \ \mathrm{B}_0 = E, \ \mathrm{B} = \lim_{n\to\infty} \mathrm{B}_n. \qquad (41)$$

Последовательные приближения сходятся, если при некотором $L>0$ выполнено неравенство

$$\left\|\mathrm{A}\right\|+\sum_{k=1}^{N}\left\|\mathrm{A}_k\right\|e^{L\tau_k}\leq L\,.$$

Для системы уравнений (39) нет прямого доказательства того, что из устойчивости решений системы уравнений (40) следует устойчивость решений системы (39). Тем не менее при рассмотрении примеров всегда из существования устойчивости решений системы уравнений (40) следовало асимптотическое свойство решений системы уравнений (39). Если решения системы уравнений (40) устойчивы, то и решения системы уравнений (39) устойчивы.

Пример. Предельным переходом при $N\to\infty$ можно получить условия устойчивости системы интегро-дифференциальных уравнений

$$\frac{dX(t)}{dt}=\mathrm{A}X(t)+\mathrm{B}\cdot\int_{0}^{\infty}e^{D\tau}C\,X(t-\tau)\,d\tau\,. \qquad (42)$$

Систему уравнений (42) можно свести к системе дифференциальных уравнений с постоянными коэффициентами

$$\frac{dX(t)}{dt} = HX(t),\; H = \mathrm{A} + \mathrm{B}\int_0^\infty e^{-D\tau} C e^{-\tau H} d\tau. \qquad (43)$$

Матрицу H можно найти методом последовательных приближений

$$H_{n+1} = \mathrm{A} + \mathrm{B}\int_0^\infty e^{-D\tau} C e^{-\tau H_n} d\tau,\; H_0 = 0,\; H = \lim_{n\to\infty} H_n. (44)$$

Пусть выполнено условие

$$\left\| e^{-D\tau} \right\| \le e^{-\lambda\tau}.$$

При выполнении условия

$$\lambda > \|\mathrm{A}\| + 2\sqrt{\|\mathrm{B}\| \cdot \|C\|}$$

последовательность матриц H_n, $(n = 0,1,2,...)$ сходится и существует система уравнений (43), все решения которой являются решениями системы уравнений (42).

Наконец, приходим к изложению идеи нового метода доказательства принципа сведения.

Рассмотрим систему дифференциальных уравнений

$$\begin{aligned} \frac{dX(t)}{dt} &= \mathrm{A}X(t) + \mathrm{B}Y(t), \\ \frac{dY(t)}{dt} &= CX(t) + DY(t). \end{aligned} \qquad (45)$$

Проинтегрируем второе уравнение системы (45)

$$Y(t)=\int_{-\infty}^{t} e^{D(t-\tau)}CX(\tau)d\tau=\int_{0}^{\infty} e^{D\tau}CX(t-\tau)d\tau \quad (46)$$

и подставим $Y(t)$ в первое уравнение. Получим интегро-дифференциальное уравнение (42). Уравнение (42) сводим к системе уравнений (43).

Таким образом мы указали новый способ сведения системы уравнения (45). Одно из уравнений системы (45) интегрируем, приходим к системе уравнений вида (42), которую можно рассматривать как систему уравнений с запаздывающим аргументом. Затем эту систему сводим к системе обыкновенных дифференциальных уравнений вида (43) без запаздываний аргумента. Система уравнений (43), (46) определяет интегральное многообразие решений системы (45), которое притягивает все решения системы уравнений (45).

Устойчивость решений системы уравнений (43) равносильна устойчивости решений системы (45). Изложенная идея реализации принципа сведения будет использована дальше при исследовании устойчивости решений нелинейной системы дифференциальных уравнений.

II. Принцип сведения в банаховом пространстве. [4].

Выводится принцип сведения нелокального характера с помощью построения специальных интегральных многообразий, найдены достаточные и необходимые условия применимости принципа сведения. Основные результаты являются новыми и в конечномерных пространствах.

§1. Постановки задачи

Рассматривается система дифференциальных уравнений

$$\begin{aligned} \frac{dx}{dt} &= \mathrm{A}(t)x + f(t,x) + \mu\phi(t,x,y), \quad x \in \mathrm{B}_1; \\ \frac{dy}{dt} &= \mathrm{B}(t)y + \mu\psi(t,x,y), \quad y \in \mathrm{B}_2. \end{aligned} \tag{47}$$

Здесь $\mathrm{B}_1, \mathrm{B}_2$ – некоторые банаховы пространства. Далее можно считать пространства $\mathrm{B}_1, \mathrm{B}_2$ – конечномерными и даже одномерными. Предполагаем, что функции f, φ, ψ – непрерывны по t при $t \geq 0$ и удовлетворяют условиям Липшица

$$\left\| f(t,x_1) - f(t,x_2) \right\| \leq L_0 \left\| x_1 - x_2 \right\|,$$

$$\left\| \varphi(t, x_1, y_1) - \varphi(t, x_2, y_2) \right\| \le L_1 \|x_1 - x_2\| + L_2 \|y_1 - y_2\|,$$

$$\left\| \psi(t, x_1, y_1) - \psi(t, x_2, y_2) \right\| \le L_3 \|x_1 - x_2\| + L_4 \|y_1 - y_2\|. \qquad (48)$$

Дополнительно предполагаем ограниченность этих функций при $x = 0$, $y = 0$:

$$\|f(t,0)\| \le \mathrm{M}_0, \ \|\phi(t,0,0)\| \le \mathrm{M}_1, \ \|\psi(t,0,0)\| \le \mathrm{M}_2. \qquad (49)$$

Предполагаем, что линейные операторы $\mathrm{A}(t)$, $\mathrm{B}(t)$ интегрируемые при $t \ge 0$. Пусть линейные дифференциальные уравнения

$$\frac{dx}{dt} = \mathrm{A}(t)x, \ \frac{dy}{dt} = \mathrm{B}(t)y$$

имеют соответственно разрешающие операторы $P(t,\tau)$, $N(t,\tau)$, для которых выполнены условия

$$\left\| P(t,\tau) \right\| = 1 \qquad (50)$$

$$\|N(t,\tau)\| \le c\, e^{-\lambda(t-\tau)}, \quad (\lambda > 0,\ c \ge 1,\ t \ge \tau \ge 0). \qquad (51)$$

Условие (50) представляется редко выполнимым. Для устранения этого недостатка в первое уравнение (47) введена функция $f(t,x)$. За счет выбора $f(t,x)$ можно добиться выполнения условия (50).

Рассмотрим случай: $L_2L_3 \neq 0$. Если $L_2L_3 = 0$, то в системе уравнений (47) уравнение для одной из переменных не содержит другой переменной и это уравнение может быть рассмотрено отдельно. Дальше будет доказано, что в общем случае сведение возможно лишь при $L_0 < \lambda$. Предполагаем, что везде выполнено условие

$$\lambda > L_0 . \tag{52}$$

При $\mu = 0$ система (47) распадается на независимые уравнения, когда вопрос об устойчивости решений системы (47) решается целиком устойчивостью решений первого уравнения системы (47). Ниже находится значение μ_0 такое, что при $|\mu| < \mu_0$ можно построить вспомогательное уравнение в B_1, устойчивость решений которого равносильна устойчивости соответствующих решений системы (47).

Предполагаем выполнение условий (48) в некоторой окрестности исследуемого на устойчивость решения системы (47), так как соответствующим изменением функций $f(t,x)$, $\varphi(t,x,y)$, $\psi(t,x,y)$ вне этой окрестности можно добиться выполнения условий (48) во всем пространстве.

Рассмотрим отдельно второе уравнение системы (47). Для этого считаем функцию $x(t)$ заданной. Через $R(t, y_0, x(\tau))$ обозначим решение дифференциального уравнения

$$\frac{dy}{dt} = \mathrm{B}(t)\, y + \mu\psi\big(t, x(t), y\big), \qquad y\,|_{t=0} = y_0 . \tag{53}$$

Для оператора $R(t, y_0, x(\tau))$ имеем интегральное уравнение

$$R\big(t, y_0, x(\tau)\big) = N(t,0)\, y_0 + \mu \int_0^t N(t,s)\, \psi\Big(s, x(s), R\big(s, y_0, x(\tau)\big)\Big) ds \ . \tag{54}$$

Приведем без доказательства некоторые свойства оператора $R(t, y_0, x(\tau))$:

а) $$\left\| R(t, y_0, 0) \right\| < c \left\| y_0 \right\| e^{-L_6 t} + |\mu| c \mathrm{M}_2 L_6^{-1} ;$$

$$L_6 \equiv \lambda - |\mu| c L_4 . \tag{55}$$

б) Пусть при $0 \le \tau \le t$ выполнено неравенство

$$\left\| x_1(\tau) - x_2(\tau) \right\| \le q(\tau).$$

Обозначив

$$p(t) = \left\| R\big(t, y_1, x_1(\tau)\big) - R\big(t, y_2, x_2(\tau)\big) \right\|$$

получим неравенство

$$p(t) \le c\, e^{-L_6 t} \|y_1 - y_2\| + |\mu| c\, L_3 \int_0^t e^{-L_6 (t-s)} q(s) ds .$$

В частном случае, когда выполнено неравенство

$$\|x_1(\tau) - x_2(\tau)\| \le Q\, e^{L(t-\tau)},\ \lambda - L - |\mu| c\, L_4 > 0$$

имеем оценку

$$\|R(t,0,x_1(\tau)) - R(t,0,x_2(\tau))\| \le \frac{|\mu| c\, L_3 Q}{\lambda - L - |\mu| c\, L_4} . \quad (56)$$

в) Пусть для функции $\psi(t,x,y)$ выполнено равномерно по t при $t \ge 0$ дополнительное условие

$$\|\psi(t,x,0)\| \le \alpha \|x\|^n, \quad (n > 0, \quad \alpha = const).$$

При этом приходим к оценке

$$\|R(t,0,x(\tau))\| \le \beta \|x\|^n,\ \beta \equiv \frac{|\mu| c \alpha}{\lambda - nL - |\mu| c L_4} .$$

При известном операторе $R(t, y_0, x(\tau))$ интегрирование системы уравнений (47) сводится к интегрированию дифференциального уравнения

$$\frac{dx}{dt} = \mathrm{A}(t)x + f(t,x) + \mu\phi\big(t,x,R(t,y_0,x(\tau))\big) . \quad (57)$$

Значения оператора $R(t, y_0, x(\tau))$ определены, если известны значения функции $x(\tau)$ при $0 \le \tau \le t$.

Все решения системы уравнений (47), удовлетворяющие начальному условию

$$y|_{t=0} = y_0$$

при закрепленном значении y_0 и произвольных значениях $x(0)$, образуют интегральное многообразие, которое будем обозначать через $G(y_0)$. В некоторых случаях оно представимо уравнениям вида

$$y = g(t, y_0, x). \qquad (58)$$

Очевидно, что будет выполняться тождество

$$g(0, y_0, x) \equiv y_0.$$

Предполагая, что в нашем случае возможно представление интегрального многообразия $G(y_0)$ уравнением вида (58), ищем вспомогательное дифференциальное уравнение

$$\frac{dx}{dt} = \mathrm{A}(t)x + f(t,x) + \mu\phi\big(t, x, g(t, y_0, x)\big), \quad x = x(t), \qquad (59)$$

все решения которого совпадают с решениями уравнения (57). Отметим принципиальную разницу между уравнениями (57) и (59). Для вычисления правой части уравнения (57) необходимо знать решение $x(\tau)$ при $0 \le \tau \le t$. Поэтому уравнение (57) можно называть дифференциально-функциональным уравнением, частным случаем которого является интегро-дифференциальное уравнение. Уравнение (57) можно рассматривать также как уравнение с запаздывающим аргументом. Для вычисления правой части уравнения (59) в момент t достаточно знать $x(t)$. Уравнение (59) представляет систему уравнений (47) на многообразии $G(y_0)$. При известном x значение y находится по формуле (58).

В дальнейшем осуществляется переход от уравнения (57) к уравнению (59), т.е. для уравнения с запаздывающим аргументом (57) ищется уравнение без запаздывания аргумента (59), все решения которого являются решениями уравнения (57). Для этого используем метод, предложенный в работе [4].

§2. Построение интегрального многообразия

(Этот раздел адресован *хорошо* подготовленному читателю! :))

Функция $y = g(t, y_0, x)$ неизвестна, но если она существует, то выполняется тождество

$$g(t, y_0, x) \equiv R(t, y_0, x(\tau)), \qquad (60)$$

где $x(\tau)$ – решение интегрального уравнения

$$x(\tau) = P(\tau, t)x +$$

$$+\int_t^\tau P(\tau, s)\left[f(s, x(s)) + \mu\varphi(s, x(s), g(s, y_0, x(s)))\right]ds . \qquad (61)$$

Для построения функции $y = g(t, y_0, x)$ используем метод последовательных приближений в форме, предложенной в работе [4].

Сначала рассмотрим частный случай, когда $y_0 = 0$, полагая

$$g(t, x) \equiv g(t, 0, x). \qquad (62)$$

Сам метод последовательных приближений примет вид

$$g_0(t, x) \equiv 0; \; g_{n+1}(t, x) = R(t, 0, x_n(\tau)), \; (n = 0,1,2,...);$$

$$x_n(\tau) = P(\tau,t)x +$$

$$+\int_t^\tau P(\tau,s)\Big[f\big(s,x_n(s)\big) + \mu\varphi\Big(s,x_n(s),g_n\big(s,x_n(s)\big)\Big)\Big]ds \,.(63)$$

Рассмотрим свойства последовательности функций $g_n(t,x)$. Покажем сначала, что при определенных условиях функции $g_n(t,x)$ удовлетворяют условию Липшица с общей постоянной Липшица L_5. Пусть выполнено условие

$$\left\| g_n(t,x) - g_n(t,x^*) \right\| \le L_5 \left\| x - x^* \right\|. \qquad (64)$$

Для соответствующих решений $x_n(\tau)$, $x_n^*(\tau)$, обращающихся при $\tau = t$ в x, x^*, из уравнения (59) получим интегральное неравенство

$$\left\| x_n(\tau) - x_n^*(\tau) \right\| \le \left\| x - x^* \right\| + \int_\tau^t L \left\| x_n(s) - x_n^*(s) \right\| ds$$

$$L \equiv L_0 + |\mu| L_1 + |\mu| L_2 L_5 \,.$$

Решая это неравенство с помощью леммы Гронуолла-Беллмана, получим оценку

$$\left\| x_n(\tau) - x_n^*(\tau) \right\| \le \left\| x - x^* \right\| e^{L(t-\tau)} \,.$$

Из формулы (56) с учетом формул (63)получим неравенство

$$\left\|g_{n+1}(t,x)-g_{n+1}(t,x^*)\right\| \le |\mu| c L_3 \left(\lambda - L - |\mu| c L_4\right)^{-1} \cdot \\ \cdot \left\|x-x^*\right\| , \qquad (65)$$

следовательно, если выполнено неравенство

$$L_5 \ge \frac{|\mu| c L_3}{\lambda - L_0 - |\mu| L_1 - |\mu| c L_4 - |\mu| L_2 L_5}, \qquad (66)$$

то условие Липшица (64) будет выполнятся при всех $n = 1,2,\ldots$. Положительное решение неравенства (66) существует при $|\mu| \ge \mu_0$, где обозначено

$$\mu_0 = \frac{\lambda - L_0}{L_1 + 2\sqrt{c L_2 L_3} + c L_4}. \qquad (67)$$

При $|\mu| \le \mu_0$ находим наименьшее значение L_5

$$L_5 = \frac{2|\mu| c L_3}{L_7 + \sqrt{L_7^2 - 4|\mu|^2 c L_2 L_3}}, \\ L_7 \equiv \lambda - L_0 - |\mu| L_1 - |\mu| c L_4. \qquad (68)$$

При $\mu = \mu_0$ параметры L_5, L достигают наибольших значений L_5^0, L^0

$$L_5^0 = \sqrt{c L_3 L_2^{-1}}, \quad L^0 = L_0 + \mu_0 L_1 + \mu_0 L_2 L_5^0. \qquad (69)$$

Для существования значения $\mu_0 > 0$ (67) необходимо выполнение условия $\lambda > L_0$.

В работе [8] доказано, что последовательность функций $g_n(t,x)$ $(n = 0,1,2,\ldots)$ равномерно сходится при $\|x\| \le a < \infty$, $|\mu| < \mu_0$ к непрерывной функции $g(t,x)$ и выполнены условия

$$\begin{aligned} &\left\|g(t,x) - g\left(t,x^*\right)\right\| \le L_5 \left\|x - x^*\right\|; \\ &\left\|g(t,0)\right\| \le m_1 (1-q)^{-1}, \end{aligned} \tag{70}$$

где введены обозначения

$$m_1 = \frac{|\mu| c \mathrm{M}_2}{\lambda - |\mu| c L_4} + \frac{|\mu| c L_3 \left(\mathrm{M}_0 + |\mu| \mathrm{M}_1\right)}{\left(\lambda - L^0 - |\mu| c L_4\right) L^0};$$

$$q = \frac{|\mu|^2 c L_2 L_3}{\left(\lambda - L^0 - |\mu| c L_4\right) L^0} < 1.$$

Итак, доказана следующая теорема.

Теорема. При выполнении условия $|\mu| < \mu_0$ (67) система дифференциальных уравнений (47) с условиями (48)–(51) имеет интегральное многообразие решений $G(0)$ представимое уравнением $y = g(t,x)$ с условиями (70), на котором лежат все решения системы (47) с начальным условием $y(0) = 0$. (Рис. 2)

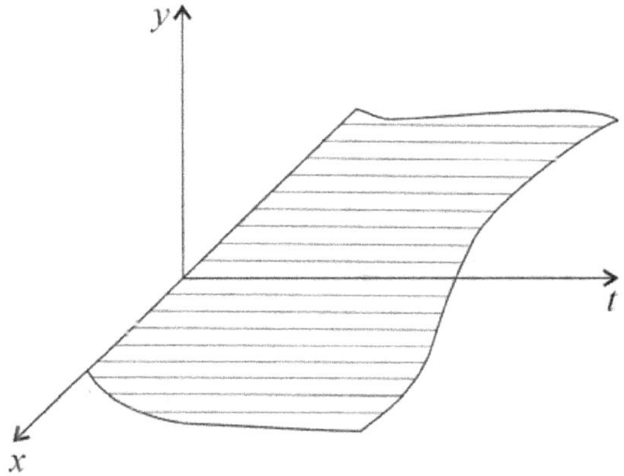

Рис. 2.

Замечание 1. Условие $|\mu| < \mu_0$ является достаточным, а условие $|\mu| \le \mu_0$ является необходимым в общем случае для существования интегрального многообразия $G(0)$ представимого уравнением вида $y = g(t, x)$, $g(0, x) = 0$.

Условие $|\mu| < \mu_0$ (67) не может быть улучшено в общем случае, так как при $|\mu| > \mu_0$ интегральное многообразие вида $y = g(t, x)$, (где $g(t, x)$ – непрерывная относительно x функция) может не существовать.

Пример. Рассмотрим систему двух дифференциальных уравнений с постоянными коэффициентами

$$\frac{dx}{dt} = -L_0 x - \mu L_1 x + \mu L_2 y,$$

$$\frac{dy}{dt} = -y - \mu L_3 x + \mu L_4 y, \ |L_0| < 1, \tag{71}$$

которая является частным случаем системы уравнений (47) при $\lambda = 1$, $c = 1$. При $\mu > \mu_0$ корни характеристического уравнения системы (71) будут комплексными. Интегральное многообразие будет закручиваться в расширенном фазовом пространстве (x, y, t) (Рис. 3.)

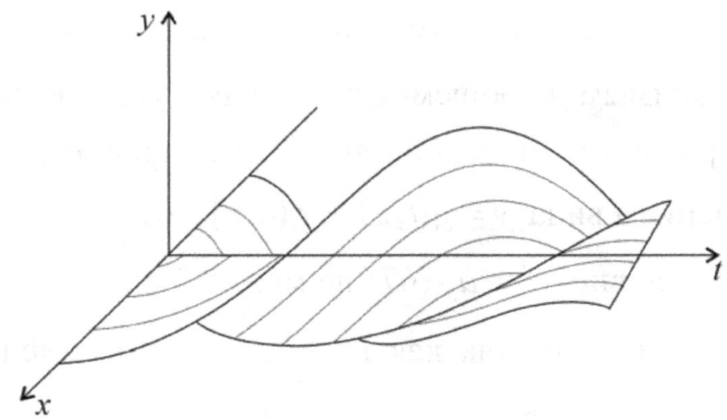

Рис. 3.

Пример. Исследуем устойчивость нулевого решения системы уравнений

$$\frac{dx(t)}{dt} = \alpha x^3(t) + \beta x(t) \int_0^{\pi} y(t, s) ds,$$

$$\frac{\partial y(t,s)}{\partial \tau}=\frac{\partial^2 y(t,s)}{\partial s^2}+x^2(t)\sin s-y^2(t,s);$$

$$y(t,0)=y(t,\pi)=0.$$

Введем малый параметр μ, осуществляя замену

$$x\to\mu x,\ y\to y.$$

При этом приходим к системе уравнений

$$\frac{dx(t)}{dt}=\alpha\mu^2x^3(t)+\beta\mu x(t)\int_0^\pi y(t,s)ds;$$

$$\frac{\partial y(t,s)}{\partial t}=\frac{\partial^2 y(t,s)}{\partial s^2}+\mu x^2(t)\sin s-\mu y^2(t,s);$$

$$y(t,0)=y(t,\pi)=0.$$

Разрешая последнее уравнение относительно $y(t,s)$, получим

$$y(t,s)=\mu x^2\sin s+\mu^3x^4\left(\frac{(s-0{,}5\pi)^2}{4}-\frac{\pi^2}{16}-\frac{\sin^2 s}{4}\right)+O(\mu^4x^6)$$

.

Сведенное уравнение первого порядка примет вид

$$\frac{dx}{dt}=\mu^2(\alpha+2\beta)x^3-\beta\mu^4\left(\frac{\pi}{4}+\frac{\pi^3}{24}\right)x^5+O\left(\mu^6x^7\right).$$

Нулевое решение этого уравнения, а, следовательно, и исходной системы асимптотически устойчиво при $\alpha+2\beta<0$ и неустойчиво при $\alpha+2\beta>0$.

Аналогично строятся интегральные многообразия $G(y_0)$ при произвольном y_0. Полагаем в системе уравнений (47)

$$y = N(t,0)y_0 + z\,, \quad (z(0) = 0),$$

а потом z снова заменяем на y и приходим к системе дифференциальных уравнений вида (47) с новыми значениями постоянных M_1, M_2:

$$\begin{aligned} \frac{dx}{dt} &= \mathrm{A}(t)x + f(t,x) + \mu\phi(t,x,N(t,0)y_0 + y), \\ \frac{dy}{dt} &= \mathrm{B}(t)y + \mu\psi(t,x,N(t,0)y_0 + y). \end{aligned} \tag{72}$$

Постоянные, входящие в выражение для μ_0 (67) не изменились по сравнению с системой уравнений (47). Поэтому система уравнений (72) имеет интегральное многообразие $G(0)$, а следовательно система уравнений (47) имеет интегральное многообразие $G(y_0)$ представимое уравнением вида

$$y = g(t, y_0, x)\,. \tag{73}$$

При этом выполнены условия, аналогичные условиям вида (70) :

$$\left\| g(t, y_0, x) - g(t, y_0, x^*) \right\| \le L_5 \left\| x - x^* \right\|,$$

$$\left\|g\left(t, y_0, 0\right)\right\| \leq \frac{m_1}{1-q}+$$

$$+\left(1+\frac{|\mu| c L_4}{\left(\lambda-|\mu| c L_4\right)(1-q)}+\frac{|\mu|^2 c L_2 L_3}{L^0\left(\lambda-L^0-|\mu| c L_4\right)(1-q)}\right) c\left\|y_0\right\| .(74)$$

Замечание 2. Если система уравнений (47) имеет нулевое решение, то интегральное многообразие $G(0)$ содержит это решение. Как показано дальше устойчивость нулевого решения системы (47) равносильна устойчивости нулевого решения уравнения

$$\frac{dx}{dt} = \mathrm{A}(t)x + f(t,x) + \mu\varphi(t,x,g(t,x)).$$

Пример. Рассмотрим систему обыкновенных дифференциальных уравнений, допускающую нулевое решение

$$\frac{dx}{dt} = \mu^n \varphi(x,y),$$

$$\frac{dy}{dt} = \mathrm{B}y + \mu^k \psi(x,y), \quad (n,k > 0),$$

где при $t \geq 0$ выполнено условие

$$\|\exp\{\mathrm{B}t\}\| \leq ce^{-\lambda t}, \ (c \geq 1, \ \lambda > 0).$$

Пусть функции $\varphi(x,y)$, $\psi(x,y)$ удовлетворяют условиям Липшица. Находим интегральное многообразие $G(0)$ приближенно из уравнения

$$\mathrm{B}y+\mu^k\psi(x,y)=0\,,\ y=-\mu^k\mathrm{B}^{-1}\psi(x,y)+\ldots.$$

Система уравнений сводится приближенно к одному уравнению

$$\frac{dx}{dt}=\mu^n\phi\left(x-\mu^k\mathrm{B}^{-1}\psi(x,0)\right)+O\left(\mu^{2n+k}\right).$$

Пример. Исследуем устойчивость нулевого решения бесконечной системы уравнений

$$\frac{dx}{dt}=\alpha x^3+\beta x^2\sum_{k=1}^{\infty}\frac{y_k}{k};$$

$$\frac{dy_k}{dt}=\gamma x-ky_k+\delta\sum_{k=1}^{\infty}\frac{y_k^2}{k^2}\ \ (k=1,2,\ldots),$$

где $\alpha,\beta,\gamma,\delta$ – малые параметры одного порядка малости.

Используя предыдущий пример, разрешаем бесконечную систему уравнений

$$\gamma x-ky_k+\delta\sum_{k=1}^{\infty}\frac{y_k^2}{k^2}=0$$

относительно y_k и подставляем приближенные решения в первое уравнение. Суммируя ряды получим одно уравнение первого порядка

$$\frac{dx}{dt} = x^3\left(\alpha + \beta\frac{\pi^2}{6}\right) + O\left(\beta\gamma^2\delta\cdot x^4\right).$$

Следовательно, нулевое решение этого уравнения и исходной системы устойчиво, если

$$\alpha + \beta\frac{\pi^2}{6} < 0$$

и неустойчиво в случае $\alpha + \beta\frac{\pi^2}{6} > 0$. Если

$$\alpha + \beta\frac{\pi^2}{6} = 0,$$

то сведенное уравнение примет вид

$$\frac{dx}{dt} = \beta\gamma^2\delta\left(\sum_{k=1}^{\infty}k^{-2}\right)\left(\sum_{k=1}^{\infty}k^{-4}\right)x^4 + O\left(\beta\gamma^2\delta x^5\right).$$

Нулевое решение уравнения и исходной системы неустойчиво при $\beta\gamma\delta \neq 0$.

При отыскании решения системы (47) с начальными условиями

$$x(0) = x_0,\ y(0) = y_0$$

при известном интегральном многообразии $G(y_0)$ порядок системы уравнений (47) системы можно понизить, так как достаточно рассматривать лишь дифференциальное уравнение

$$\frac{dx}{dt} = \mathrm{A}(t)x + f(t,x) + \mu\varphi(t,x,g(t,y_0,x)),$$

$$x = x(t), \; y = g(t,y_0,x). \qquad (75)$$

При $|\mu| < \mu_0$, $t \geq 0$ для интегральных многообразий $G(y_1)$, $G(y_2)$ равномерно по x выполняется неравенство

$$\|g(t,y_1,x) - g(t,y_2,x)\| \leq c\|y_1 - y_2\| \exp\{z_2 t\} \qquad (76)$$

$$z_2 = -0,5\left(\lambda + L_0 + |\mu| L_1 - |\mu| c L_4\right) -$$

$$-0,5\sqrt{\left(\lambda - L_0 - |\mu| L_4 - |\mu| c L_4\right)^2 - 4\mu^2 c L_2 L_3}\ .$$

Поэтому интегральные многообразия $G(y_1)$, $G(y_2)$ при возрастании t равномерно экспоненциально сближаются (Рис. 4).

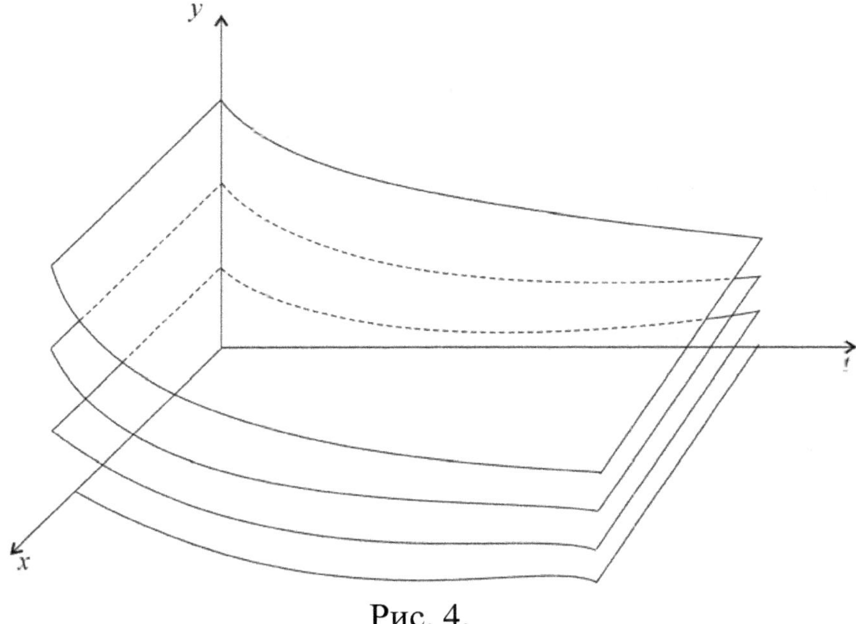

Рис. 4.

§3. Приближенное сведение дифференциальных уравнений

Пусть система дифференциальных уравнений (47) имеет нулевое решение, тогда уравнение

$$\frac{dx}{dt} = \mathrm{A}(t)x + f(t,x) + \mu\varphi(t,x,g(t,x))$$

тоже имеет нулевое решение. Находим приближенное выражение для функции $g(t,x)$ из системы уравнений

$$g(t,x) = \mu\int_0^t N(t,s)\psi(s,x(s),g(s,x(s)))ds;$$

$$x(s) = P(s,t)x + \int_t^s P(s,\tau)[f(\tau,x(\tau)) + \mu\varphi(\tau,x(\tau),g(\tau,x(\tau)))]d\tau.$$

Эту систему уравнений можно решать методом последовательных приближений:

$$g_0(t,x) \equiv 0,$$

$$g_{n+1}(t,x) = \mu\int_0^t N(t,s)\psi(s,x_n(s),g_n(s,x_n(s)))ds;$$

$$x_{n+1}(s) = P(s,t)x +$$

$$+\int_t^s P(s,\tau)\Big[f(\tau,x_n(\tau)) + \mu\phi\Big(\tau,x_n(\tau),g_n(\tau,x_n(\tau))\Big)\Big]d\tau,$$

$$(n = 0,1,2,\ldots).$$

Поскольку справедлива асимптотическая оценка

$$\left\| g_n(t,x) - g_{n-1}(t,x) \right\| = O\left(\mu^{2n-1}\right), \quad (n = 1,2,...),$$

то получим асимптотическую формулу

$$g(t,x) = g_n(t,x) + O\left(\mu^{2n+1}\right), \quad (n = 0,1,2,...). \quad (77)$$

Подставляя приближенное выражение для $g(t,x)$ (77) в уравнение (75), получим приближенное сведение системы (47) к одному уравнению в банаховом пространстве B_1.

Пример. Для системы дифференциальных уравнений

$$\frac{dX}{dt} = AX - \mu\Phi(X,Y), \quad \frac{dY}{dt} = BY + \mu\Psi(X,Y) \quad (78)$$

при выполнении условий $\left\|\exp\{At\}\right\| \le const$, $\left\|\exp\{Bt\}\right\| \to 0$ при $t \to +\infty$, редуцированная система примет вид

$$\frac{dX}{dt} = AX + \mu\Phi\left(X, \mu\int_{-\infty}^{t} e^{B(t-s)}\Psi\left(e^{A(s-t)}X, 0\right)ds\right). \quad (79)$$

В простейшем частном случае системы линейных дифференциальных уравнений с постоянными коэффициентами

$$\frac{dx}{dt} = ax + \mu(\alpha x + \beta y), \; \frac{dy}{dt} = -y + \mu(\gamma x + \delta y)$$

по формуле (79) получим редуцированное уравнение

$$\frac{dx}{dt} = ax + \mu\left(\alpha x + \beta\mu\int\limits_{-\infty}^{t} e^{-(t-s)}\gamma\, e^{a(s-t)} x ds\right)$$

или равносильное дифференциальное уравнение

$$\frac{dx}{dt} = \left(a + \mu\alpha + \mu^2\frac{\beta\gamma}{1+a}\right)x\,.$$

В формуле (79) заменили в нижнем пределе 0 на $-\infty$, что упрощает вычисления.

§4. Соответствующие решения на интегральных многообразиях

Интегральные кривые системы уравнений (47) проходящие через прямую $t=0$, $y=y_0$ образуют некоторую поверхность, которая является интегральным многообразием $G(y_0)$. При $|\mu|<\mu_0$ интегральное многообразие $G(y_0)$ можно задать в виде уравнения

$$y=g(t,y_0,x),$$

где $g(t,y_0,x)$ – однозначная функция, непрерывная при всех t,y_0,x, монотонно возрастающая при увеличении y_0. Возьмем две интегральные кривые на разных интегральных многообразиях $G(y_1)$, $G(y_2)$, которые проектируются на плоскость x,t в кривые $x=x(t)$, $x=x^*(t)$. Пусть эти проекции пересекаются при $t=u$. Пусть точка пересечения $t=u$ стремится к $+\infty$. Зафиксируем решение $x=x(t)$, $y=y(t)$ на многообразии $G(y_1)$. Соответствующая интегральная кривая $x=x^*(t,u)$, $y=y^*(t,u)$ на многообразии $G(y_2)$

$$x^*(u,u)=x(u),\ y^*(u,u)=y(u)$$

будет стремиться к некоторому предельному положению, которое будем называть интегральной кривой на многообразии $G(y_2)$ соответствующей интегральной кривой

$$x = x(t),\ y = y(t)$$

на многообразии $G(y_1)$. Решение на $G(y_2)$

$$x = x^*(t) = \lim_{u \to +\infty} x^*(t,u),\ y = y^*(t) = \lim_{u \to +\infty} y^*(t,u)$$

будет соответствующим решению $x = x(t),\ y = y(t)$ на многообразии $G(y_1)$ (Рис. 5).

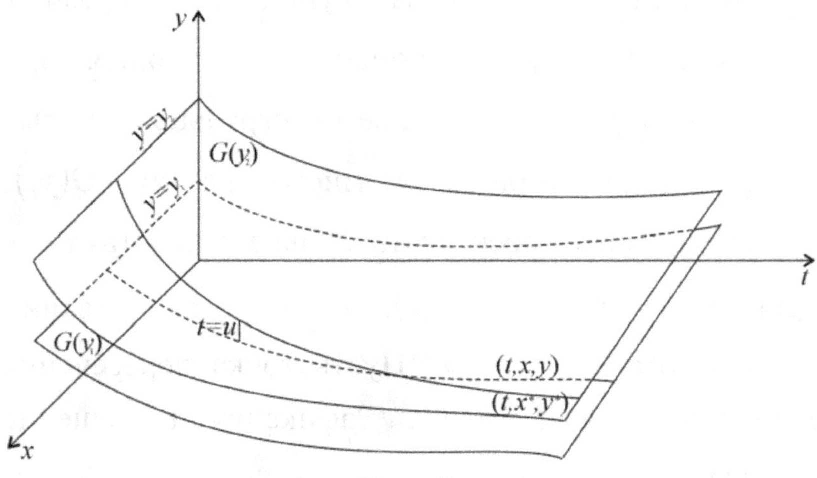

Рис. 5.

При $|\mu| < \mu_0$ на многообразии $G(y_2)$ существует единственное решение системы (47), соответствующее решению $x = x(t)$, $y = y(t)$ на многообразии $G(y_1)$.

Теорема. Для того, чтобы при $|\mu| < \mu_0$ решение $x = x^*(t)$, $y = y^*(t)$ на $G(y_2)$ было соответствующим решению $x = x(t)$, $y = y(t)$ на многообразии $G(y_1)$ необходимо и достаточно чтобы при некотором $a > 0$ выполнилось неравенство

$$\left\| x(t) - x^*(t) \right\| \leq a \exp\{z_2 t\}, \text{ (см. (76)).} \qquad (80)$$

Соответствующие решения можно определить как решения на многообразиях $G(y_1)$, $G(y_2)$, имеющие наивысший порядок малости сближения при $t \to +\infty$. Между решениями на интегральных многообразиях $G(y_1)$, $G(y_2)$ можно установить взаимно однозначное соответствие решений, при котором каждому решению $x(t)$, $y(t)$ на $G(y_1)$ соответствует одно соответствующее решение $x^*(t)$, $y^*(t)$ на интегральном многообразии $G(y_2)$.

Рассмотрим некоторое решение $x = x(t)$, $y = y(t)$ системы уравнений (47) лежащее на интегральном многообразии $G(0)$:

$$x = x(t),\ \ y = g(t, x(t)),\ \ (g(0, x(0)) \equiv 0). \quad (81)$$

На всех интегральных многообразиях $G(y_0)$ найдем решения, соответствующие решению (81). Множество всех соответствующих решений само образует интегральное многообразие, которое будем называть многообразием соответствующих решений и задавать уравнением

$$x^* = w(t, x, y, y^*), \quad x, x^* \in \mathrm{B}_1,\ \ y, y^* \in \mathrm{B}_2, \quad (82)$$

где (x, y), (x^*, y^*) – две точки, лежащие на одном интегральном многообразии соответствующих решений. Функция $w(t, x, y, y^*)$ непрерывна по всем аргументам и удовлетворяет условию

$$\|w(t, x, y, y_1) - w(t, x, y, y_2)\| \le L_2 L_3^{-1} L_5 \|y_1 - y_2\|.$$

Уравнение (82) легко разрешается относительно x так как точки (x, y) и (x^*, y^*) взаимозаменяемы. Из уравнения (82) получим

$$x = w(t, x^*, y^*, y).$$

В расширенном фазовом пространстве для каждой точки (t, x, y) существует единственное интегральное многообразие соответствующих решений, которое будем обозначать через $H(t, x, y)$.

Уравнение (82) выражает условия принадлежности двух точек в фазовом пространстве в момент t одному интегральному многообразию соответствующих решений (Рис. 6).

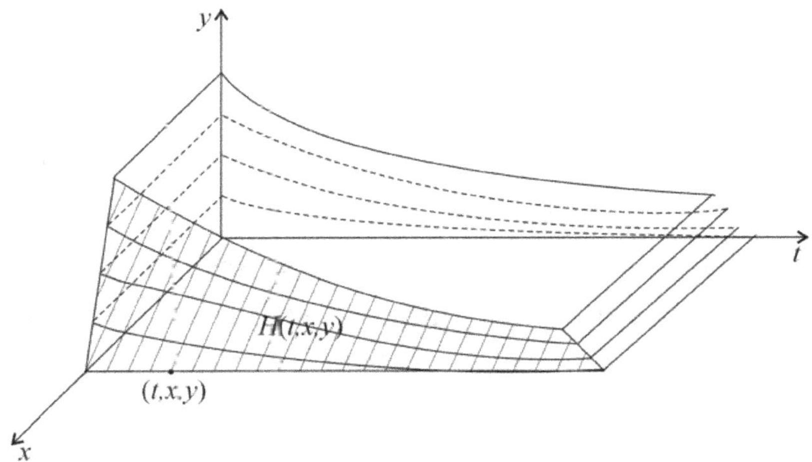

Рис. 6.

Рассмотрим множество всех интегральных многообразий соответствующих решений. Уравнения этих интегральных можно представить в виде [8, 9]

$$x = \upsilon + \mu\omega(t, \upsilon, y, \mu), \qquad (83)$$

где υ – произвольный вектор; $\omega(t, \upsilon, y, \mu)$ – непрерывная функция, удовлетворяющая условиям Липшица. Если в системе уравнений (47) выполним замену переменных

$$x = \upsilon + \mu\omega(t, \upsilon, y, \mu), \quad y = y, \tag{84}$$

то придем к системе дифференциальных уравнений

$$\begin{aligned} \frac{d\upsilon}{dt} &= \mathrm{A}(t)\upsilon + f(t, \upsilon) + \mu\phi_1(t, \upsilon, \mu); \\ \frac{dy}{dt} &= \mathrm{B}(t)y + \mu\psi_1(t, \upsilon, y, \mu). \end{aligned} \tag{85}$$

Устойчивость решений системы уравнений (85) полностью определяется устойчивостью решений первого уравнения (85).

Геометрически замена переменных (84) сводится к тому, что наклонные интегральные многообразия соответствующих решений (Рис. 7) распрямляются и становятся цилиндрическими поверхностями, параллельными y (Рис. 8).

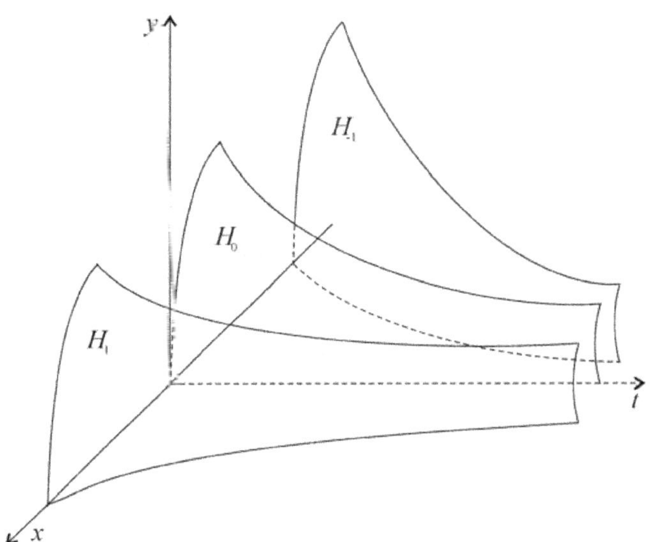

Рис. 7.

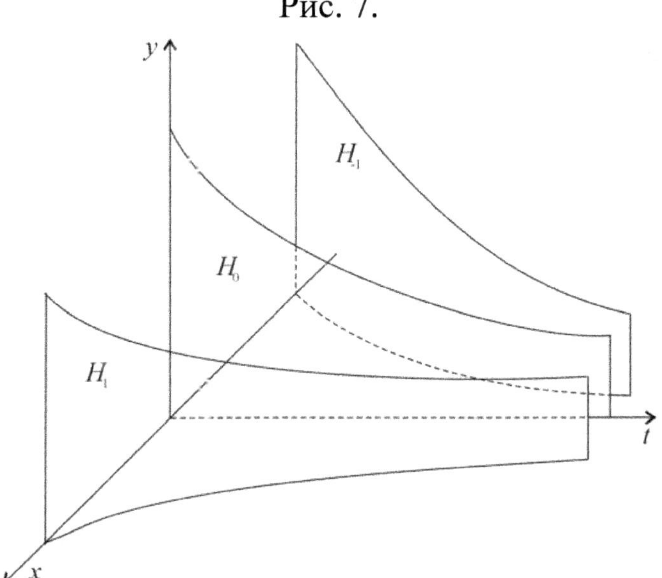

Рис. 8.

Для нас важен факт существования замены (84), которая преобразует систему уравнений (47) в систему уравнений вида (85), так как саму замену можно найти без использования интегральных многообразий соответствующих решений.

Пример. Рассмотрим систему дифференциальных уравнений

$$\frac{dx}{dt} = xy - 2x^3, \quad \frac{dy}{dt} = -y + x^2. \tag{86}$$

Введем малый параметр μ с помощью замены малых переменных $x \to x\mu$, $y \to \mu y$. При этом приходим к системе уравнений

$$\frac{dx}{dt} = \mu xy - 2\mu^2 x^3, \; \frac{dy}{dt} = -y + \mu x^2 \tag{87}$$

для которой требование достаточной малости параметра $\mu > 0$ равносильно рассмотрению достаточно малой окрестности начала координат для системы уравнений (86).

Ищем замену переменных вида (84)

$$x = \upsilon + \mu\omega_1(\upsilon, y) + \mu^2\omega_2(\upsilon, y) + \ldots; \; y = y,$$

при использовании которой уравнение для переменной υ примет вид

$$\frac{d\upsilon}{dt} = \mu\varphi_1(\upsilon) + \mu^2\varphi_2(\upsilon) + \dots .$$

Исключая x из первого уравнения системы (87), получим

$$\left(1 + \mu\frac{\partial\omega_1}{\partial\upsilon} + \dots\right)\left(\mu\varphi_1 + \mu^2\varphi_2 + \dots\right) + \left(\mu\frac{\partial\omega_1}{\partial y} + \mu^2\frac{\partial\omega_2}{\partial y} + \dots\right) \cdot$$
$$\cdot\left(-y + \mu\upsilon^2 + \dots\right) = \mu\, y\left(\upsilon + \mu\omega_1 + \dots\right) - 2\mu^2\upsilon^3 + \dots .$$

Приравниваем коэффициенты при одинаковых степенях μ. При этом получим систему линейных дифференциальных уравнений с частными производными первого порядка

$$\varphi_1 - y\frac{\partial\omega_1}{\partial y} = y\upsilon,$$

$$\varphi_2 + \varphi_1\frac{\partial\omega_1}{\partial\upsilon} - y\frac{\partial\omega_2}{\partial y} + \upsilon^2\frac{\partial\omega_1}{\partial y} = y\omega_1 - 2\upsilon^3, \dots .$$

Из условий существования полиномиальных решений $\omega_k(\upsilon, y)$ $(k = 1, 2, \dots)$ последовательно определяются функции $\varphi_k(\upsilon)$ $(k = 1, 2, \dots)$

$$\omega_1 = -y\upsilon,\ \omega_2 = \frac{1}{2}y^2\upsilon,\ \omega_3 = -\frac{1}{6}y^3\upsilon - 2y\upsilon^3,$$

$$\omega_4 = \frac{1}{24}y^4\upsilon + 3y^2\upsilon^3, \dots$$

$$\varphi_1 = 0,\ \varphi_2 = -\upsilon^3,\ \varphi_3 = 0,\ \varphi_4 = -2\upsilon^5, \dots .$$

Уравнение для переменной υ принимает вид

$$\frac{d\upsilon}{dt} = -\mu^2\upsilon^3 + 2\mu^4\upsilon^5 + \dots.$$

Нулевое решение этого уравнения устойчиво. Следовательно, нулевое решение системы уравнений (86) устойчиво.

§5 Некоторые формулировки принципа сведения

Приведем некоторые результаты работ [8, 9], которые обобщают принцип сведения Ляпунова.

Теорема. Пусть $|\mu| < \mu_0$. Если некоторое решение $x = x(t)$, $y = y(t)$ системы уравнений (47) устойчиво (асимптотически устойчиво, неустойчиво), то и любое соответствующее решение $x = x^*(t)$, $y = y^*(t)$ тоже устойчиво (асимптотически устойчиво, неустойчиво).

Другими словами, все решения системы (47), лежащие на одном интегральном многообразии $H(t, x, y)$, одновременно устойчивы, асимптотически устойчивы или неустойчивы. Поэтому при исследовании устойчивости всех решений системы уравнений (47) достаточно взять по одному решению с каждого многообразия соответствующих решений. Для этого следует пересечь без контакта все многообразия соответствующих решений некоторым другим интегральным многообразием и рассматривать лишь условную устойчивость решений на этом интегральном многообразии. В качестве такого интегрального многообразия можно взять многообразие $G(y_0)$. Приходим к теореме.

Теорема. Для того, чтобы решение $x = x(t)$, $y = y(t)$ системы уравнений (47) было устойчивым (асимптотически устойчивыми, неустойчивыми) необходимо и достаточно, чтобы при $|\mu| < \mu_0$ это решение было устойчивым (асимптотически устойчивым, неустойчивым) на интегральном многообразии $G(y_0)$, т.е. чтобы решение $x = x(t)$ уравнения (59)

$$\frac{dx}{dt} = \mathrm{A}(t)x + f(t,x) + \mu\phi\left(t, x, g(t, y_0, x)\right) \qquad (59)$$

было устойчивым (асимптотически устойчивым, неустойчивым).

Если система дифференциальных уравнений (47) имеет нулевое решение, то и уравнение (59) тоже имеет нулевое решение. При $|\mu| < \mu_0$ устойчивость нулевого решения системы (47) равносильна устойчивости нулевого решения уравнения

$$\frac{dx}{dt} = \mathrm{A}(t)x + f(t,x) + \mu\varphi(t, x, g(t,x));$$

$$g(t,x) \equiv g(t,0,x).$$

Поясним геометрическую суть принципа сведения. Все решения системы (47) экспоненциально примыкают к интегральному многообразию $G(0)$, которое пересекает все интегральные многообразия соответствующих решений (Рис. 9).

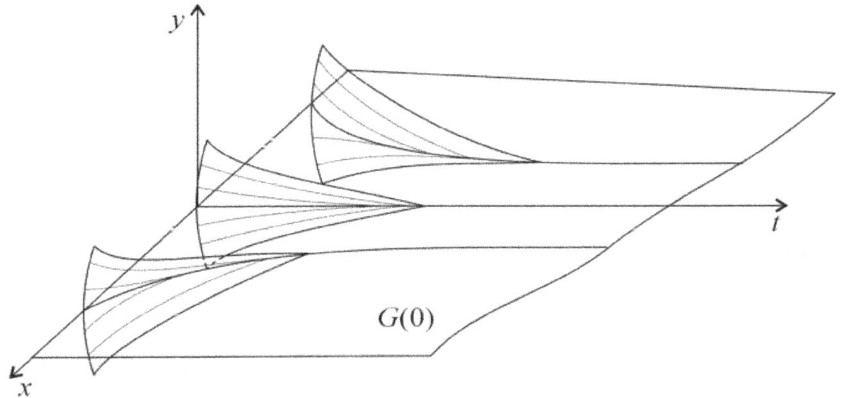

Рис. 9.

При исследовании устойчивости нулевого решения $x=0$, $y=0$ следует задавать произвольные начальные отклонения. Если начальная точка не находится на интегральном многообразии $G(0)$, то интегральная кривая при возрастании времени t быстро примыкает к соответствующему решению на интегральном многообразии $G(0)$. Поэтому при исследовании устойчивости достаточно задавать начальные точки лишь на интегральном многообразии $G(0)$. Таким образом, устойчивость нулевого решения системы (47) равносильна условной устойчивости решений системы (47) на многообразии $G(0)$, т.е. устойчивости нулевого решения уравнения (59).

Отсюда вытекает теорема, обобщающая известный результат А.М. Ляпунова [1].

Теорема. Если система дифференциальных уравнений (47) имеет интегральное многообразие решений $y = 0$, т.е. если выполняется тождество $\psi(t, x, 0) \equiv 0$, то устойчивость нулевого решения системы (47) равносильна устойчивости нулевого решения уравнения

$$\frac{dx}{dt} = \mathrm{A}(t)x + f(t, x) + \mu\phi(t, x, 0). \qquad (88)$$

Теорема. Пусть устойчивость нулевого решения системы уравнений

$$\frac{dx}{dt} = \mathrm{A}(t)x + f(t, x) + \mu\varphi(t, x, 0) + s(t, x)$$

при выполнении условия

$$\|s(t, x)\| \le \gamma\|x\|^n, \quad (\gamma = const,\ n > 0,\ t \ge 0)$$

не зависит от выбора функции $s(t,x)$, непрерывной по всем аргументам и удовлетворяющей условию Липшица

$$\|s(t,x_1)-s(t,x_2)\| \le \rho\|x_1-x_2\|,\ \rho = const,$$

то устойчивость нулевого решения системы (47) равносильна при достаточно малых значениях $|\mu|>0$ устойчивости нулевого решения уравнения (88).

Пример. Исследуем устойчивость нулевого решения системы дифференциальных уравнений

$$\frac{dx_1}{dt} = -x_2 - x_1\left(x_1^2 + x_2^2\right) + y^2,$$

$$\frac{dx_2}{dt} = x_1 - x_2\left(x_1^2 + x_2^2\right) - y^2,$$

$$\frac{dy}{dt} = -2y + x_1^2\cos t + x_2^2\sin t + x_1^3 + x_2^3.$$

Переменная y имеет порядок 2 относительно переменных x_1, x_2. Отбрасывая члены порядка 4 в первых двух уравнениях, приходим к системе уравнений

$$\frac{dx_1}{dt} = -x_2 - x_1\left(x_1^2 + x_2^2\right),\ \frac{dx_2}{dt} = x_1 - x_2\left(x_1^2 + x_2^2\right),$$

которая имеет устойчивое нулевое решение независимо от членов высше третьего порядка. Следовательно, нулевое решение исследуемой системы устойчиво.

В заключение приведем пример исследования устойчивости системы дифференциальных уравнений в банаховом пространстве.

Пример. Исследуем устойчивость нулевого решения системы дифференциальных уравнений

$$\frac{dx(t)}{dt} = \mu^2 \alpha x(t) + \mu \sin t \cdot \int_0^\pi u(t,s)\,ds;$$
$$\frac{\partial u(t,s)}{\partial t} = \frac{\partial^2 u(t,s)}{\partial s^2} + \mu \sin t \cdot x(t), \quad u(t,0) = u(t,\pi) = 0. \qquad (89)$$

Второе уравнение при $\mu = 0$ имеет асимптотически устойчивое нулевое решение, так как

$$\frac{d}{dt}\int_0^\pi u^2(t,s)\,ds = -2\int_0^\pi \left(\frac{\partial u(t,s)}{\partial s}\right)^2 ds \le -2\int_0^\pi u^2(t,s)\,ds.$$

Сделаем в системе уравнений (89) замену переменных

$$x = \upsilon + \mu a_1(t)\upsilon + \mu^2 a_2(t)\upsilon + \ldots + \mu V_1(t)u(t,s) +$$
$$+\mu^2 V_2(t)u(t,s) + \ldots,$$
$$u(t,s) = u(t,s),\; u(t,0) = u(t,\pi) = 0.$$

Предполагаем, что после сведения уравнение для υ примет вид

$$\frac{d\upsilon}{dt} = \mu w_1(t)\upsilon + \mu^2 w_2(t)\upsilon + \dots .$$

В первом приближении получим уравнения

$$w_1(t) + \frac{da_1(t)}{dt} = 0,$$

$$\frac{\partial V_1(t)}{\partial t} u(t,s) + V_1(t)\frac{\partial^2 u}{\partial s^2} = \sin t \cdot \int_0^\pi u(t,s)\,ds .$$

Из первого уравнения находим ограниченные решения

$$w_2(t) \equiv 0,\ a_1(t) \equiv 0 .$$

Решения второго уравнения ищем в виде

$$V_1(t) = \mathrm{A}\cos t + \mathrm{B}\sin t,$$

где A, B – операторы, не зависящие от времени. Получим уравнения

$$\mathrm{B}u(t,s) + \mathrm{A}\frac{\partial^2 u(t,s)}{\partial s^2} = 0,$$

$$-\mathrm{A}u(t,s) + \mathrm{B}\frac{\partial^2 u(t,s)}{\partial s^2} = \int_0^\pi u(t,s)\,ds .$$

Для отыскания операторов A, B разложим $u(t,s)$ в ряд Фурье

$$u(t,s)=\frac{2}{\pi}\sum_{k=1}^{\infty}\sin ks\int_0^{\pi}\sin kz\cdot u(t,z)dz\,.$$

Применяя операторы A,B к отдельному слагаемому $\sin ks$, получим при четном k уравнения

$$\mathrm{B}\sin ks-k^2\sin ks=0\,,\ \ \mathrm{A}\sin ks+k^2\mathrm{B}\sin ks=0\,.$$

Следовательно, при четных значениях $k=2n$ имеем

$$\mathrm{A}\sin 2ns=0\,,\ \mathrm{B}\sin 2ns=0\ \ (n=1,2,...)\,.$$

При нечетных значениях k получим уравнения

$$\mathrm{B}\sin ks-k^2\mathrm{A}\sin ks=0\,,\ -\mathrm{A}\sin ks-k^2\mathrm{B}\sin ks=\frac{2}{k}\,.$$

Следовательно, при нечетных значениях $k=2n+1$ $(n=0,1,2,...)$ получим равенства

$$\mathrm{A}\sin(2n+1)s=-\frac{2}{(2n+1)\left(1+(2n+1)^4\right)},$$

$$\mathrm{B}\sin(2n+1)s=-\frac{2(2n+1)}{1+(2n+1)^4}\,.$$

Используя полученные выводы для функции $u(t,s)$, представленной в виде тригонометрического ряда, получим

$$V_1(t)u(t,s) = -\cos t \cdot \frac{4}{\pi}\int_0^{\pi}\sum_{n=0}^{\infty}\frac{\sin(2n+1)z}{(2n+1)\left(1+(2n+1)^4\right)}u(t,z)\,dz -$$

$$-\sin t \cdot \frac{\pi}{4}\int_0^{\pi}\sum_{n=0}^{\infty}\frac{(2n+1)\sin(2n+1)z}{1+(2n+1)^4}u(t,z)\,dz =$$

$$= (\mathrm{A}\cos t + \mathrm{B}\sin t)u(t,s).$$

Следующее уравнение для $a_2(t)$ примет вид

$$\frac{da_2(t)}{dt} = \alpha - W_2(t) - (\mathrm{A}\cos t + \mathrm{B}\sin t)\sin t\,.$$

Из существования ограниченного по всей оси t решения можно найти одно из возможных значений $W_2(t)$:

$$W_2(t) = \alpha - \frac{1}{2}\mathrm{B}\cdot 1\,.$$

Во втором приближении находим дифференциальное уравнение

$$\frac{d\upsilon}{dt} = \mu^2\left(\alpha + \frac{2}{\pi}\int_0^{\pi}\sum_{n=0}^{\infty}\frac{(2n+1)\sin(2n+1)z}{1+(2n+1)^4}dz\right)\upsilon + O(\mu^3)\upsilon\,.$$

Осуществляя интегрирование по z приходим к уравнению

$$\frac{d\upsilon}{dt} = \left(\mu^2\alpha + \mu^2\gamma + O(\mu^3)\right)\upsilon\,,$$

$$\gamma = \frac{4}{\pi}\sum_{n=0}^{\infty}\frac{1}{1+(2n+1)^4} = 0{,}6551132\ldots\,.$$

Следовательно, решения системы (89) устойчивы при $\alpha + \gamma < 0$ и неустойчивы при $\alpha + \gamma > 0$, если величина $|\mu|$ достаточно мала.

Вопросы для самостоятельного решения

1. Найти необходимые и достаточные условия при выполнении которых система интегро-дифференциальных уравнений вида

$$\frac{dX(t)}{dt} = \mathrm{A}(t)X(t) + \int_0^t \mathrm{K}(t,\tau)X(t-\tau)d\tau$$

имеет множество решений, удовлетворяющих системе уравнений

$$\frac{dX(t)}{dt} = \mathrm{B}(t)X(t).$$

Найти условия, при которых любое решение первой системы стремится при $t \to +\infty$ к одному из решений второй системы.

2. Вывести принцип сведения для системы уравнений вида (47) используя интегральное многообразие, на которых $y(0) = s(x(0))$.

3. Разработать принцип сведения для дифференциальных уравнений с запаздывающим аргументом.

4. Исследовать случай линейной системы уравнений вида (47) и найти уравнения для интегральных многообразий G, H.

5. Разработать принцип сведения для разностных уравнений.

Список использованной литературы

1. Ляпунов А.М. Общая задача об устойчивости движения. – Собр. соч. В 6-ти т. – Изд-во АН СССР, 1956. – т. 2. – 472 с.

2. Стрижак Т.Г. Метод усреднения в задачах механики. – Киев. Донецк,: 1982. – 252 с.

3. Стрижак Т.Г. Асимптотический метод нормализации.–Киев: Выща школа, 1984. – 280с.

4. Валеев К.Г., Жаутыков О.А. Бесконечные системы дифференциальных уравнений. – Алма-Ата, Наука, 1974. – 416 с.

5. Рябов Ю.А. Об аппроксимации решений нелинейных дифференциальных уравнений с запаздывающим аргументом. – Тр. семинара по теории дифференциальных уравнений с отклоняющимся аргументом. – Москва: Ун-т дружбы народов им. П. Лумумбы, 1965, т.3, С. 165-185.

6. Неймарк Ю.И., Фишман Л.З. О поведении в целом фазовых траекторий дифференциальных уравнений с запаздывающим аргументом. – Докл. АН СССР, 1966, т. 171, №1,
с. 44-47.

***ibidem*-Verlag**
Melchiorstr. 15
D-70439 Stuttgart
info@ibidem-verlag.de

www.ibidem-verlag.de
www.ibidem.eu
www.edition-noema.de
www.autorenbetreuung.de

www.ingramcontent.com/pod-product-compliance
Lightning Source LLC
Chambersburg PA
CBHW061323220326
41599CB00026B/5006

* 9 7 8 3 8 3 8 2 0 2 0 9 9 *